简单心理　著

简单心理
向内看见

新星出版社　NEW STAR PRESS

新经典文化股份有限公司
www.readinglife.com
出　品

目录
Contents

Chapter 2　认识原生家庭：弥合自己

Chapter 3　拨开人际关系中的迷雾：陷阱与游戏

Chapter 4　性别认知与亲密关系

序

心理咨询中常提到一个关于如何"爱自己"的概念。至于一个人究竟如何才算是"爱自己",似乎既没有标准的答案,又不免觉得"爱自己"在我们的文化背景下容易被理解为自私自利。放眼望去人们只愿意讨论为他人付出和奉献;向内看见自己、爱自己这件事情显得尤为困难。

要谈如何爱自己,首先要理解一个人的"自我"是如何形成的。英国精神分析师唐纳德·温尼科特(Donald Winnicott)有一个非常动人的、对于一个人是如何形成的描述。大意是说,我们从出生开始,就不断地和外界建立关系,不断地在关系中形成对于自我和他人的认识——"整合自我":我们先是和主要养育者建立关系,在关系中照见自己的样子,形成对于他人的看法和期待;然后我们逐步和家中其他养育者、更大的家族建立关系,在这个过程中我们将形成更复杂的对于自我和他人的认识;然后我们进入学校、集体、社会。我们不断在成长的各种关系中,重新理解和定义自我,并且形成对于他人、世界的认识和想象。

可是没有任何一段关系是完美的。母亲父亲都是有缺憾的普通人,家庭总有它作为小团体的创伤,在学校和集体中总有你必须要适应的文化和被压抑的欲望和表达——而至于人类作为一个族群本身,每当形成一个群体、一个团体,它不免有各种各样的团体动力出现：有人霸凌，有人付出，有人替罪，有人隐身不见。我们是在各种各样不完美的关系中摸爬滚打，慢慢长大，面对自我的疼痛和对于他人和世界的失望，不停歇地、倔强地从中长出枝桠。

几年前编辑老师找到我说，希望我们能讲一讲如何爱自己这件事，是不是一个人学会了向内看见自己、爱自己，就能保持心理健康？于是我们在温尼科特这个诗意的描述之上，沿着人出生后与世界建立关系的脉络，延展了理解自己、理解家庭、理解人际关系、理解性别和亲密关系这四条线路，编辑了这本书。我们没有选择常见的角度，但选择了人们常在心理咨询室里讨论的困境和痛苦感来切入，在每个议题上，我们讨论它们是什么、为什么、怎么办。

你能从中读到常见的高敏感、低自尊、负面幻想、自我苛责——这些都是人们在成长过程中，当环境没有给予我们足够多的抱持和接纳，我们自然会生长出的针对自我的利剑。当它们带来的疼痛感足够强烈，就会使人不得不发展出自己的防御方式——有一些被我们定义为"心理症状"。这本书也会带你去认识常见的抑郁、焦虑、进食障碍等等。然后你会读到家庭：家庭中常见的那些带来创伤的行为，以及如何去弥合和修复。更进一步，你将读到人是如何在一个团体中生存的——为何你会讨好他人，为何有人容易变成替罪羊，以及如何避免在和他人的关系中陷入耗竭。最后是隐秘的关于性和性别，以及亲密关系中如何去爱。至于我们将它放在最后，是因为只有当我们的心智发展到一定的阶段，我们才能开始将自己的注意力从满足外在期待之上，转回到真正关注和理解自己，允许多样性和不同。正是人们之间彼此的理解、相互的善意和拥有爱的能力，使我们能够作为一个集体、一个族群生存下来，并反哺每个个体以安全的环境，使我们能够充分生长。

你看，爱从来不是简单的事情，我们可以起始于向内看见。我们很有幸一起编辑了这本书，希望它能带给你帮助；也希望你在生活中被好好爱过，遇到高兴的事情可以感到高兴，遇到困难的事情有人和事物可以依靠——也希望这本书可以在任何你遇到困难的时刻帮到你，哪怕给你一丁点的依托和支持。

感谢 E+、Milo、阿蓝、陈一格、车孟卓、方翊、高梦琪、高文洁、顾丽、寒冰、何质文、胡悠悠、江湖边、啦啦啦、梁娟、李歪歪、李文瑾、喵鱼、汋汋、石宇宙、丸子、吴杨盈荟、小元、熊、西京、张菁宸、张珺卿、郑彦飞（依首字拼音字母为序）对本书的辛勤付出。

Chapter 1 认识你自己：裂隙中的珍宝

"亲爱的，我到底怎么了？"

第一章　成长中的伤疤与困境

看似不是病，却要我的命

你有时可能会发现，很难喜欢自己——不是一般的"不自恋"，而是过度反思，极度厌恶，深陷负面幻想的陷阱中；或者生命不息，"拖延"不止，却不知如何改变；或是在自我认知的层面反复横跳，高敏感、低自尊等问题，使得情绪如过山车般忽高忽低。

在这一章中，我们将聚焦自我厌恶、负面幻想、拖延、高敏感、低自尊等几个方面，并与你一起探讨应对这些困境的方法。

高敏感人群：敏感不是我的错

我的朋友琳达，做电影评论很多年。她有个特异功能：看到觉得不好的电影会浑身不舒服，甚至发晕、感冒，之后这个片子的最终票房也往往会塌陷。每次媒体观影会结束，片方都紧张兮兮地盯着她："老师，身体咋样啊？"

我回回都觉得惊奇不已：这是通灵了还是老天爷赏饭吃？

直到我在"HSP特质人群"文献中看到一个极端案例：被试者说，难听的音乐会让他有生理反应——比如呕吐。我立刻想起了琳达，让她赶紧看看自己是不是HSP（Highly Sensitive Person，高敏感人群）。

比如说，这里有14种高敏感人群的常见表现：

1. 对声音/气味/味道等异常敏感，警笛声或施工噪音可能"会让你有钉子砸头的感觉"。拥挤的人群、强烈的气味都可能会让你特别不舒服。

2. 具有很高的"惊吓反射"，容易被一点声音/偷袭吓到，因此怀疑自己"神经衰弱"。

3. 常被误解。被大人评价为"害羞、内向"，被人指责为"神经质、想太多"。

4. 像一块情绪海绵，倾向于"吸收、共情"他人的感觉，并常常因此精疲力竭；很怕疼，对咖啡因等中枢刺激成分敏感。

5. 洞察力强，擅长发现别人可能忽略的微妙之处，比如表情、肢体语言等。

6. 需要大量时间独处。在漫长的一天结束后，你需要自己待在安静的房间，降低刺激，为自己重新充电。

7. 十分回避冲突。当亲密关系出现紧张或分歧时，你倾向于回避，甚至可能在冲突中感到身体不适。

8. 你想得很深。习惯对信息进行深度加工处理，并对自己的经历进行大量反思（比其他人更多），同时也容易进行过度的消极思考。

9. 不喜欢任何形式的暴力和残忍场面，哪怕是在艺术作品中。

10. 容易沉浸于电影等艺术品，并深深地受到打动。

11. 肚子饿的时候会变得易激惹，出现较大情绪波动。

12. 有丰富的内心世界。你可能有几个想象中的朋友，喜欢幻想、做白日梦。

13. 你在一天中建立了很多小的 routine（日常秩序），因为熟悉的东西会带来舒适感。

14. 有时候，批评对你来说就像一把匕首。别人的评价用词非常重要，消极情绪似乎影响你更深。

什么是"高敏感人群"

"高敏感人群（HSP）"不是一种疾病或状态，而是一种比较稳定和持久的人格特征，在学术界也被称为"感觉加工敏感（Sensory Processing Sensitivity，SPS）"。

研究显示，高敏感人群在整体人群中的比例大约是20%。男女分布差不多——但在调查中男性更不愿意承认，因为社会文化让高敏感男性背负更多偏见。它也不能简单地用内向来概括，因为约30%的高敏感人群在外向性上的得分也很高。

1997年，心理学家伊莱恩·阿伦（Elaine Aron）博士最早提出了高敏感人群这一概念。

她和同事们用"DOES"总结了高敏感者的一般共性：

1. 深度加工信息（Depth of processing）。

杰蒂佳·贾吉略维奇（Jadzia Jagiellowicz）的研究发现，高敏感人群更多地使用大脑中与"更深层次"信息处理相关的部分（尤其是涉及细微差别的任务）。

比安卡·阿塞韦多（Bianca Acevedo）的脑成像研究表明，高敏感人群大脑中的"脑岛"区域更为活跃。脑岛被称为"意识之地"，它整合了对内部状态、情绪、身体位置和外部事件的即时了解。

2. 易过度刺激（Overstimulation）。

高敏感人群易受到过度刺激（包括社会刺激）的压力。因此在吸取教训后，他们会比其他人更倾向于避免紧张的状况。

3. 对积极、消极事物都有更大反应（Emotional responsibility/empathy）。

当看到任何类型的表情强烈的照片时，高敏感者的大脑激活都比非高敏感者更强——不光是消极情绪，高敏感人群对于积极情绪的反应也更为强烈。比如好奇心、对成功的期待、对某件事的愉快渴望、快乐和满足感。

4. 感知细微之处（Sensitive to subtleties）。

许多研究者认为，这是高敏感特质的核心。他们往往会注意到别人错过的一些小事，因为他们的感官加工敏感性强。区别于感官本身灵敏（毕竟有些高敏感者的视力听力都挺差的），这个特质更强调的部分是"加工"。

高敏感的特质已经被多项科学研究所证实。对高敏感人群的脑扫描研究显示，他们的神经活动与非高敏感者不太一样：高敏感人群更具同情心，更关注自己的环境，也更关注来自亲密朋友和伴侣的社会线索。当他们的大脑被压得喘不过气来时，他们也更需要从社交互动或刺激中退出。

这种特性有其缺点。过多的刺激会让高敏感者很心累，因为易受他人情绪影响，他们也因此要承受更多伤害或冒犯，比如被误解为焦虑、挑剔，甚至是人格缺陷——他们生来就有的人格特质，成了道德审判的对象。

然而，高敏感同样是一种力量。

更敏锐地感受和加工情绪线索，让高敏感人群对他人的同理心更强，对事情的思考也更为深入。研究发现，这种特质也与工作中的高绩效行为相关，比如尽责、同理心、忠诚和勤奋。

研究还发现，高敏感人群可以更优秀地处理自己的感觉和反应。

2015 年 3 月，《个性与个体差异》杂志对 166 名有抑郁倾向的英国女孩进行了一项调查。她们在 12 周内接受心理健康教育，但结果显示，只有其中的高敏感者的抑郁症状减轻。研究者认为，这可能是因为越敏感的人越容易将所学知识内化并加以应用。

是什么导致了高敏感特质的形成

1. 高敏感是一种遗传的人格特质。

影响人格的基因有数百种，这些基因也与环境相互作用。虽然科学家们还未阐明所有与之相关的基因，但研究表明可能与 5-羟色胺转运体基因有关。

2. "情感忽视"的童年环境也可能起到一定的作用。

有证据表明，人的早期经历可能对与敏感性相关的基因产生表观遗传效应。研究发现，儿童期的"情感忽视"对一个高敏感的孩子影响更大。

在情感忽视家庭中，父母不对孩子的情感需求进行足够的确认和回应，或是被动地或主动地阻止任何情感的流露。对孩子来说，这可能是一种"困惑、情绪被忽视，甚至受挫"的感觉。久而久之，他们学习到的教训是：

- 你的感觉是看不见的，是负担，它无关紧要。

- 你的愿望和需要不重要。

- 向他人求助不是一种选择。

有些高敏感儿童，甚至因为做事周到、内心丰富而被指责和嘲笑是弱者、慢者。

当一个孩子天性深思熟虑、感情强烈，他对教训的感觉也将更为深刻——更糟糕的是，他可能在长大后在内心深处对自我感到羞耻，产生自我否定感。

3. 高敏感人群所具备的"差异易感性"。

最近的研究发现了高敏感人群的环境敏感性特征。有心理学家认为：

- 与消极经历的互动，会增加高敏感人群罹患精神病的风险。

- 与积极经验（包括干预措施）互动，可增加高敏感者的积极成果。

也就是说，在恶劣的环境中，高敏感者可能比别人做得更糟；但在良好的环境中，他们可以比别人做得更好。研究认为，高敏感者的能力和对能力的信心可能有很大的差异。这取决于他们是在一个有压力、没有支持的环境中成长，还是在一个非常好的环境中成长。但从研究者的经验上看，"许多高敏感者的自尊心较低，这会影响他们的创造力表达和智力表达"。

作为一名高敏感者，如何提高自己的幸福感

许多人在第一次知道自己是高敏感者后，会产生"巨大的陷阱感"。

因为他们可能多年来为了迎合大环境的标准，做了很多别人期待、却不符合自己特质的事，并把自己的敏感、退缩和疲倦归咎于软弱，不断进行内耗和自我攻击。

紧接着他们的第二个问题就是：好的，我知道自己是高敏感者了，如何改善呢？

首先，高敏感是无法"克服"的，它必然意味着更多的谨慎和担忧，以及对创伤、社会"失败"或任何负面经历的深刻反思。其次，虽然我们不能改变高敏感这个特质本身，但我们可以更好地适应它。

即便是一个不努力的高敏感者，时间也会帮你认清有关自我的真相。阿伦博士曾说：大多数高敏感人群都会随着年龄增长发展出一套自己的应对机制。

一个 21 岁的高敏感者可能会因为朋友的劝说，不情愿地进入嘈杂的夜店，此时的行为可能只是为了合群。但等到 41 岁时，他就知道应该怎样从容应对了。

澳大利亚的一位学者曾对 12 名高度敏感、同时幸福得分也非常高的人进行定性研究。从他们的访谈内容中可以看到，高敏感者的幸福，也可以是一种通过努力而快速得到的结果。

1. 更清晰的自我认知，更深的自我关怀。

许多高敏感者在仅仅知道这个概念后，就已经大松一口气。因为他们的"自我"得到了更精确的解释，这促使人们进行更好的自我接纳。他们在之后的生活中更放松了，更少进行自我攻击，并把更多精力集中在目标实现上。

叙事研究发现，一个人的自我叙述身份的连贯性与更大的幸福感有关。

在这项实验中，所有 12 名参与者都是因为这项研究才第一次知道什么是高敏感人群。他们说，学习这项特质有益于他们的健康，并越来越能自我接受：

"它会提醒我多照顾自己。"

"让我对自己更友善、更尊重，不会对自己太苛刻。"

"我学会了接受自己的这个特点，并感到更自在。"

"我现在知道，这一特征是存在的，而且我并不孤单。"

要持续做到这一点，你可以：

（1）学习如何识别你的情绪，比如不加评判地进行情绪的记录。

（2）知道痛苦的感觉，如焦虑、悲伤和不知所措都是暂时的。

（3）重新构建过去。你会认识到，很多"失败"并不是真正的失败，因为作为一个高敏感者，你在环境中被过度刺激，没有人在过度刺激时会表现出色。

（4）管理自己过度思考的倾向。你可以使用一些自助认知行为治疗工具，当无用的想法出现时，认识、命名并重构它们。你也可以寻求心理咨询师的帮助；

（5）向亲近的人描述高敏感这个特质。比如让朋友、同事和家人知道，在嘈杂的环境中，你会变得过度兴奋，"如果我中途出去自己待了一会儿，请不用担心"。

（6）进行自我关怀的练习。比如有参与者提到：用对待我爱的人的方式对待自己；通过自言自语来善待自己（例如：这只是一段暂时紧张的时间，没事的，这会过去）；自我同情，不加评判，对自己保持中立。

（7）告诉自己可以改变。斯坦福大学的菲利普·津巴多（Philip Zimbardo）教授做过一个实验：让害羞的人把他们的害羞归因于过度刺激。结果发现，当他们这样做时，他们就不会表现得害羞了。在过度刺激的社会情境中，高敏感者所产生的感觉可能被误认为是害羞，即对社会判断的恐惧。但当我们告诉自己这是因为高敏感人群的特质时，改变会发生。

2. 确定什么样的刺激会引发你的不适是很重要的。

（1）确保独处的时间。所有 12 名受访者都表示，经常性的独处经历是他们幸福的重要促成因素。

（2）有意识地选择与谁共度时光。虽然高敏感者喜欢独处，但他们也需要亲密的支持性关系。几位受访者特别提到他们有一个小型的精选朋友圈，"我真的不太喜欢和人在一起，但我有一群亲密的朋友，他们帮助我度过人生"。

（3）保持自己热爱的日常。一位参与者说"每天我都会锻炼或者回家看书"；另一位参与者说"我晚上做手工活，给自己一个小时，什么都不想"。这些固定的日常，有助于你与自己待在一起，并充分体会放松。

（4）避免吵闹的聚会、恐怖电影或令人不安的新闻来影响自己。

（5）进行温和的运动，并在睡前给自己预留舒缓运动带来刺激的时间。

鉴于很多高敏感者都有一点社交恐惧，另外有一个小建议：

如果你必须在生活中与人见面，高敏感者可以尽量选择一个低刺激的环境，比如：安静、无人、不太新奇、不太累等等，可以选择一对一，或是熟人＋新人的组合。如果做得不够尽善尽美也没事，人们总有机会留下更好的第二印象。

3. 高敏感人群的幸福感，大多来自于"平静、平和、放松"。找到属于你的这些事。

著名心理学家汉斯·艾森克（Hans Eysenck）认为"在我们的社会里，被称为内向者并不是一件好事。幸福是一种叫作稳定外向的东西"。研究者们发现，许多测量幸福感所用的积极情绪语言侧重于高能量、高强度的积极情绪。这可能暗示低强度的积极情绪（如满足感、平和、平静）对幸福感的贡献较小。但另一项研究显示，高敏感参与者们个体幸福最重要的方面，来自于低强度的积极状态（平静、平和、放松），而非典型的高唤醒情绪。

一位参与者说，"对我来说，幸福感不是那么旺盛，而是一种更加温柔的满足感，在我的空间里和自己在一起时感觉舒服"。

在这些受访者的叙述中，幸福感的来源大多为：

- 需要一定独处和停机时间。
- 学会如何调节自己的情绪和反应。
- 在工作、生活、社交和业务爱好上找到了平衡点。
- 找到了生活中的意义感。
- 知道何时需要帮助，并以有效的方式请求帮助。

……

我们今天的社会，似乎不鼓励人们过于敏感。拥有一种与现有核心文化相逆的"先天特征",并不意味着高敏感者无法获得幸福。

　　高敏感者,同样可以在这个世界上茁壮成长。相信自我的价值是一种深层次的信念。你完全可以接受自己,让自己的特质发挥到最佳的地方。

想知道你的敏感程度、了解自身敏感特质的特点吗?
扫码回复暗号"敏感",免费测测你是高敏感人群吗。

自我厌恶：关掉头脑中指责的声音

你在生活中会有这样的体验吗？无论是在人际交往中，还是在工作中，总是注意到最糟糕的部分。大脑中像有个开关一样，事情明明进展得相当顺利，但只要在过程中产生失误，就会触发循环机制，只盯着自己产生失误的几个环节，不断反刍，折磨自己。

"我一点都不喜欢我自己"，甚至认为"我就不应该出生"，这种对自己的负面评价从不停止。在自我厌恶面前，我们好像要用极大的努力才能证明自己的存在是有意义的，但这种努力，会随时因为一件小事被自我厌恶否定掉。

如何爱惜自己，与自己和解，达到自洽，是一个漫长的过程，但并非不可改变。首先，将真正的自我与自己的认知所塑造出的那个讨厌的自我分离开，我们必须知道，自我厌恶都有怎样的表现？

什么是自我厌恶

自我厌恶，顾名思义就是一个人觉得自己很不好，讨厌自己，甚至憎恨自己。它不是简单的对自己有负面的评价，而是一种较为深层的、指向自己整个人的厌恶。

具体而言，自我厌恶通常会有如下表现：

1. 全有或全无的陈述。你认为自己大部分的生活都会导致灾难。比如，"如果我这次考试不及格，我就会被大学退学，成为一个彻底的失败者。"在工作中也只注意到最糟糕的部分，常常发出"我离被开除应该不远了吧……"这样的感慨。

2. 只关注消极的方面。不管每天的生活有多美好，一旦发生了不愉快的事情，你的注意力就会集中到这些出问题的时刻上，挥之不去。甚至坚定地认为"如果硬要说自己擅长什么，大概是发现自己的不足，和搞砸一切吧"。

3. 相信一种感觉是事实。明明只是一种自我认知，却要把它上升为真理和事实。遇到问题时，"我觉得自己像个失败者"这种感觉，被转换成了"我就是个失败者"这一事实，并不断强化对这塑造出来的事实的信任。

4. 缺乏自尊。你觉得自己所有的地方都不好，在与他人的交往中，总是时不时地在内心谴责自己："一说话就冷场，快闭嘴吧，不说话没人把你当哑巴"或者"如果不是我在，他们会玩得更开心吧"。

经常把"对不起"和"谢谢"挂在嘴边，生怕一不小心就给别人添了麻烦。遇到喜欢的人，恨不得离对方越远越好，而一旦对方对自己好一些，就害怕自己不值得。对于自我厌恶的人来说，似乎"注孤生（注定孤独一生）"是人生常态，而"我不配"变成了恋爱主旋律。

自我厌恶是怎样炼成的

自我厌恶并不是先天形成的一种心理状态。换言之，没有人天生讨厌自己。我们是在出生之后，从后来的经验中习得了讨厌自己这件事。那么，自我厌恶究竟是如何形成的呢？

1. "他们都觉得我不好，我也这么认为"。

社会心理学家乔治·赫伯特·米德（George Herbert Mead）在他的"镜像自我理论"中提到，我们对于自身的认识最早都是来源于他人，尤其是一些"重要他人"，比如父母、老师等，我们会像照镜子一样从他们对我们的评价中认识到我们自己是一个什么样的人。而当我们收到的大多数评价都是"差评"的时候，人们就会内化这些负面评价，从而导致我们对自己的整体评价和态度都变得消极，逐步形成自我厌恶。

有些人的自我厌恶是先从思维方式的扭曲开始的。比如那些从小接受的教育是"遇到问题要先自我反思，要先从自己身上找原因"的人，在今后的生活中，遇到任何不顺利的情况，就会自动认为一定是自己哪里做得不对，是自己不好。

此外，自我厌恶也可能来源于养育者对我们身上某一特点的反复否定。比如在以父权文化为主导的社会中，形容一个男人很"娘""像个女孩儿"，几乎等同于批评他"弱势""不够强大"。于是，较为女性化的男性，可能就会讨厌自己女性化的特质，进而发展出对于自己整个人的厌恶。因为很少有人会告诉他们，"这是没关系的，和其他男孩有点不一样的你，同样也是值得被爱的。"

2. "够格都很难，理想太遥远"。

爱德华·希金斯（Edward Higgins）在他的自我偏差理论中提出了三个自我：

- 实际自我，指我们实际的身体及心理状态，也就是我们的现状。

- 理想自我，指我们希望拥有的特质、对自己抱有的愿景。

- 应该自我，即我们认为自己应该发展出来的特质或状态。

理想自我是促使我们拼搏的动力，是希望与梦想的所在。但当人们意识到实际自我与理想自我之间差距太大的时候，会变得很沮丧，就像自己无论如何也无法获得自己想要的东西一样。那一刻，是我们最焦虑也最想放弃努力的时候，也很可能会对当下的自己产生厌恶之情。而另一方面，如果人们意识到实际自我与应该自我有一定差距时，我们则会更多地产生羞愧和自责，就好像我们连对自己最基本的要求都达不到，实在太差劲了。这种情况如果长时间持续，那么自我厌恶也就是必然的结果了。

3. "用自我厌恶保护自己的脆弱"。

每个人的内心都有脆弱的一面，而接纳这种脆弱是十分不易的。临床心理学家约瑟夫·博戈（Joseph Burgo）认为，自我厌恶是一种应对自身脆弱的防御机制。一方面，通过厌恶自己，我们可以对自己有更好的掌控感。每个人都可能被讨厌，而当别人讨厌我们时，这种被讨厌的感觉就是不可控的、不确定的，在这样的感觉面前，我们也更加脆弱。而此时，如果我们自己已经在他人之前厌恶自己了，这种被讨厌的感觉就会变得可控而确定。甚至会有一种"我都这么讨厌自己了，别人讨厌我也很正常"的想法在。另一方面，因为讨厌自己，不认为自己值得任何好事，我们也规避了受到伤害、暴露自身脆弱的风险。这很像是太宰治所说的："若能避开猛烈的狂喜，自然也不会有悲痛的来袭。"

另外，自我厌恶的人，常常会进行自我批评，就像是脑子里有另外一个自己跑出来，以旁观者的角度，对他们说着尖酸刻薄的话。在与来访者的工作中，博戈博士发现，自我批评的背后，是人们隐藏在无意识中的愤怒，以及对于自身过高的期待。我们或许会拒绝接纳自身的局限，因为无法成为他人而愤怒，因为无法成为一个完整的、完美的人而愤怒，甚至轻视任何的不完美。为了抵御这些感受，我们放任那个指责自己"不够好"的声音来攻击我们，并且厌恶着现在这个不完美的自己。

如何摆脱自我厌恶

自我厌恶的人无法喜欢自己，也就难以善待自己。

对于他们来说，"别再和自己说贬低自己的话""用肯定自己的话语替代自我批评""你要爱你自己啊"……这类建议很少有实际效果。他们内心挣扎着："我就是讨厌我自己啊，我能怎么办，我也很绝望啊"，甚至因为被告知应该爱自己，而更加讨厌这个"讨厌自己的自己"了。

但自我厌恶的状态并不是完全无解的。不过在听取我们的建议之前，你需要明确三个问题：

首先，你应当认识到，现在的你不太喜欢自己、讨厌自己，这样是可以的。既然无法喜欢自己、爱自己，那么不如先不要着急去改变现状。讨厌自己的感觉很痛苦，但逼着自己立刻从自我厌恶到"爱自己"可能会适得其反。

其次，对自己的讨厌，偶尔也可以动摇一下。你也许十分坚信对于自身的看法："我就是个失败者""我一无是处""都是我的错"。不妨问问自己：我眼中的自己，真的就是全部的我吗？有没有可能，别人在说"你很可爱啊""你真的没有那么糟"的时候，可能是看到了你很可爱但你自己却没发现的那部分呢？

最后，必须意识到，改变自我厌恶是一个长时间的拉锯战。冰冻三尺，非一日之寒，自我厌恶是我们从小就开始形成的对自己的一种情感和态度，并不是一朝一夕可以改变的事情。就好像前20多年你都是一个极端自卑的人，不可能突然在几个月的时间里就变成一个自信乐观的人。

但或许你现在也正处于厌恶这个存在自我厌恶的自己的状态中，所以想要快速改变也是另一种自我厌恶。那么你能够做些什么呢？

1. 保持觉察。或许自我厌恶已经渗透进我们思维、情感、行动的方方面面中去了，很多时候它流露得那么自然，我们都很难察觉。所以当你知道自己存在"自我厌恶"的倾向的时候，更重要的是，在日常生活中时时刻刻保持觉察，并意识到这样的倾向可能给你当前在做的事情带来的不利影响。

2. 改变思维。时不时在你讨厌自己的时候，问一句：我眼中的自己，真的就是全部的我吗？有时候我们对自己的评价可能并不是那么中肯和合理，所以，可以通过挑战自己那些自我评价过低的思维，来达到自我修正的目的。

3. 庆祝自己的每一点成长。每次一点点、一点点地摇晃一下自我厌恶的信念，这样所带来的改变可能没那么快，但它却更加可行。同时，每当我们多了一点自我觉察，或者矫正了自己当下的一个不合理的思维的时候，你都有理由夸奖一下自己。这不就是身体力行地在用自我肯定来代替自我厌恶吗？

4. 求助于心理咨询。如果以上的几点你都做不到也没关系，做到了一些但是遇到了瓶颈期也没关系。重要的是不要因此而陷入新的自我厌恶中。自我成长和自我突破的路"道阻且长"，有时你只是需要专业人士的帮助。你可以选择预约一位专业的心理咨询师，专业的心理咨询师会接纳当前这个讨厌自己的你，在安全的环境中，与你探讨这份自我厌恶为你带来的感受和体验。

负面幻想：区分现实与幻想

前文提到的自我厌恶多是关注自己做得不好的地方，是一种对自我认知的错位。

还有一些人，他们深陷负面幻想的折磨当中，对一件事的发展方向产生错误的认知，总认为将有可怕的事发生，但这些是长期焦虑和担忧情绪所带来的副产品，终究不是真实的。

如何摆脱这种令人厌烦的胡思乱想，重新恢复内心的平静？我们首先要理解负面幻想产生的原因，再尝试训练自己按下正确的思维开关，慢慢引导自我区分感受和事实。

为何我们总是产生负面幻想

焦虑和担忧是现代人最容易出现的情绪，不少人都被这类情绪缠身，无法解脱。

比如我的一位许久不见的老友，周末一见，发现她憔悴了不少，在与她的交谈中，我能明显地感受到她的担忧，比如我们一起在餐厅吃饭的时候，她会突然想到自己工作中某一项任务好像没有完成得很好，便开始想象老板明天会怎么骂她，越想越焦虑……又比如，看到电视上的护肤品的广告时，突然就抱怨起了自己现在还没对象，"人老珠黄"的自己会不会再也嫁不出去了……甚至看到新闻里某个地方地震的消息，她便担心起人类的未来，世界末日会不会突然到来……

不知道你是否在我的这位朋友身上看到了自己的影子？这是一种叫作负面幻想的心理：总担心所有事情都会向最坏的方向发展。

陷入负面幻想是一件非常折磨的事情。一方面，我们被大量的恐惧和焦虑所淹没，另一方面心里又总会响起许多自我指责的声音："为什么你不能积极点自信点呢？""为什么你总是这么懦弱呢？"焦虑和压力消耗了我们大量的能量与精力，而仅剩的一部分能量还被我们拿来进行自我谴责，结果就极容易导致我们出现"神经衰弱"的症状。

更糟糕的是，在人类本能的自我矫正倾向中，我们还容易陷入一种恶性循环：负面想法→压抑→负面想法挥之不去→加强压抑→负面想法更加挥之不去。

心理学中有个"讽刺进程理论"，讲的就是"当我们越是想压抑某个念头的时候，这个念头越可能冒出来"。举个例子，按照我说的去做：从现在开始千万不要让脑海里出现一只白色小猫咪，就是毛软软、肉乎乎的那种，千万不要有。怎么样，看完这句话之后你做到了吗？我想大部分人都不可避免地想到了一只小白猫的形象。

很多时候，在我们陷入负面幻想时，第一反应就是强制自己不要这样想。我们可能在内心里对自己怒吼道——"你能不能别瞎想了！"然而，这样的做法并不一定起效，越是这样，往往越可能适得其反。

这个循环不但让我们无法摆脱这些负面念头，更会让我们产生深深的挫败感，让我们觉得自己是一个彻头彻尾的无能的人。

陷入负面幻想怎么办

刻意压抑自己的想法，试图通过自我批评来减少负面幻想，往往是不可靠的。有时放弃对抗反而是获得改变的开始。毕竟，只有我们减少消耗在自我否认中的能量，我们才有力量获得真正的改变。

认识到这一点，我们再为你介绍两种思维策略，也许可以帮助你远离负面幻想。

1. 不管你在想什么，提醒自己"我可能又开始瞎想了"。

有时，仅仅小声嘟囔一句"我又开始瞎想了"，便可以很好地缓解负面幻想。当我们不再聚焦于自己想法的具体内容，而是简单地把所有的这些想法贴上"瞎想"的标签时，问题便会得到缓解。这时，我们终于从纷繁复杂的各种想法中跳脱出来，开始思考"我到底在想什么"，开始对思考的方式、产生这种思考的原因有所反思。

在这个过程中，我们从被负面想法压迫的奴隶，摇身一变，变成了可以对它指指点点的上司。这时，我们才有可能从中发现自己不断产生负面幻想的深层次原因，才能对自己拥有更加深刻的理解。

2. 区分感受和事实。

"领导肯定觉得我的方案烂透了，不仅如此，他还会觉得我是个没想法也不努力的人……我肯定在这家公司待不下去了，是不是要准备回家了？爸妈会觉得非常丢人的，天啊，让爸妈伤心的话我就太不孝顺了……"

当我们陷入负面幻想的时候，可能发生的"坏事情"会不断地跳入我们的脑海，让我们越发焦虑和惶恐。我们担心事情发展导致的一连串后果，担心别人对我们的评价和看法。但这个时候我们却很难意识到一件事：所有这一切都只是自己的想法，是猜测，而非事实。如果此时我们拿出纸笔，认真地列出来事情可能发生的证据，和事情不会发生的证据，我们便能发现对于结果的恐慌其实让自己高估了事情发生的可能性，而这种过高的估计又引发了更多的恐慌。

能够正确地区分"感受"和"事实"是一种非常重要的能力。在心理学上有一种思维模式被称为"情绪化推理"，指的就是这种将想法和事实混为一谈的思维模式。在这种思维模式下，我们会忽略理性的规律，用不断变化的情绪来认知这个世界，这会阻碍我们客观而真实地看待问题。

上述两种方法是心理学中认知行为疗法里的重要方法。但是对于难以静下心来、难以做到理性思考的人来说，可能需要先让自己放松下来。此时，你可以先尝试以下两种放松的方法：

1. 渐进性肌肉放松法。

许多人在陷入负面脑洞的时候，会处在一种极端的恐惧和焦虑中，甚至身体都在紧绷的状态里。这时我们并没有任何能力来进行反思和改变，让自己放松下来才是最为迫切的事情。渐进性肌肉放松法可以让人迅速放松下来。它是在一个安静的空间去逐步放松自己的肌肉群的训练方式。

首先你需要选择一个特定的肌肉群，一般我们会从头到脚依次选取。让这个肌肉群（比如从脸部开始）紧张起来，持续五秒。然后，在五秒钟后迅速地放松该肌肉群，在缓慢呼气的同时去体会刚刚紧张和放松的不同感受。在保持这种放松状态15秒之后，转移到下一个肌肉群（比如换肩膀试试），去重复"紧张－放松"的循环。等你用这样的方式放松了所有的肌肉群之后，你便会感到一种非常松弛的放松感。这种放松感，可以从身体延伸到情绪。

2. 写下属于自己的"超预期"清单。

经常拥有负面脑洞的人总会习惯在事情发生前想象出所有最坏的可能，这将有助于他们做好万全的准备，不过，有时这也意味着他们承担着更多的压力和担忧。想要改变这种思维方式并不容易。此时，一份"超预期"清单或许可以用来提醒自己：世界经常比我们想象的要温柔许多。

你可以找一个本子，记下那些结果远比自己当时的预期要好得多的事情。譬如："我去年一直没买票，以为自己要回不了家了，没想到在过年的前一天抢到了票""我上次本来以为无论如何都赶不完报告的，没想到最后几天小宇宙爆发，甚至还提前了半天完成"。亲笔写下这些故事，会让你慢慢相信一件事情：即使我们看到了各种可能发生的最坏情境，也不需要过分烦恼，因为很有可能它们并不会发生。

在日常生活中，负面思维也并不总是给我们带来坏的影响。有时候，它会帮助我们提前为最坏的可能结果做好心理准备，避开一些不必要的麻烦。只是，当这些负面幻想不仅无助于我们做好准备，反而引发我们极大的焦虑恐惧，干扰我们正常的生活的时候——这就是一种折磨，需要进行干预了。

终极指南：别让拖延毁了你的人生

我们生活在一个急匆匆的时代里，在一个效率主义至上的社会中，所有人都要求我们在最短的时间内，高质量完成最多的工作，但实际上，时间短、质量高、完成度高三者构成了一个不可能三角。更何况还有"拖延"这只拦路虎，时不时出现，扰乱我们的工作步伐。

拖延，到底是怎样产生的？它又真的一无是处吗？有没有一些行之有效的办法，能让我们与拖延症和平共处呢？

大多数拖延的本质是焦虑

- "如果我最后没做好会怎么样？"
- "如果最后没有得到想要的结果，那我现在努力有什么意义？"
- "比起最后失败，还不如现在就放弃。"
- "如果别人发现我其实没有那么厉害该怎么办？"

这些想法对于经常拖延的我们来说是不是很熟悉呢？在我们需要完成一项任务的时候，我们的脑海里总会冒出各种各样的想法，这些想法让我们感到焦虑、恐惧和对自我的怀疑，我们明明知道自己需要去做什么，但是我们不去做，或者熬到最后一分钟才做，最终拖延又让我们感受到更加沉重的挫败感，这种模式不断地重复出现，让我们最终陷入了困境。

虽然我们大都体会过因为拖延而给自己带来的焦虑感，但似乎很多人都没有意识到其实焦虑才是让我们拖延的真正原因。

让我们试着回想一下，上一次我们对某些任务感到焦虑并选择推迟去做的情境：当时你想到了什么？当你选择不去做它的时候你的焦虑被暂时缓解了么？当临近最终期限的时候又是怎么样的呢？你的焦虑是上升还是下降了呢？

为什么我们总是拖延

1. 恐惧失败：完美主义。

有的人一直在等待一个"完美"的时机，让自己准备到"完美"的状态，才会动手去做一件事。做的过程中不允许有任何瑕疵，也不能接受失败的结果。人们产生这样不切实际的想法，并不是担心失败本身，而是害怕失败之后别人的评价。他们担心被别人评价为笨、无能、没有价值。与其这样，不如被评价为懒惰或者拖延。这类人往往害怕竞争，因为害怕在竞争中让别人看出自己的软弱和无能。

在完美主义者的核心信念中，要么全，要么无。

他们可能还有这些信念：

- 我必须要做到完美。
- 我做每件事都应该轻而易举，不费力气。
- 如果不能确保好的结果，那么它根本不值得去做。
- 我每次都应该做得很好。

他们认为，不去做某件事就好像那件事永远没有开始，也永远没有失败。

2.逃避成功。

（1）成功需要付出太多。

有的人担心成功需要付出太多，远远超过了他们所能承受的程度。因为成功需要付出很多时间和努力，牺牲很多休闲时间，于是他们认为还是站在原地比较舒服。

他们认为成功会把他们推到聚光灯下，受到来自四面八方的攻击和挑衅。他们感到自己还不够强大，无法还击。

通过拖延，他们放弃了成功的机会，给了自己一个缓冲，好让自己不陷入忙乱的生活，不被众人注目。

（2）成功是危险的：总有人受伤。

有的人通过拖延来逃避成功，是为了避免别人或自己受到伤害。他们认为竞争是会伤人的，他们害怕被指责为"自私""无情""满脑子只想着成功"。他们害怕竞争中的失败者怀恨在心，报复自己。他们害怕破坏关系。

所以他们认为只有装作无害，没有竞争性和攻击性，才有可能获得好的关系。

3.掌控主动权：被动攻击。

还有一些人，他们通过拖延，比如迟到、不按时完成任务、不遵守规章制度、不屑权威，变被动为主动，来获得掌控感。当不愿意去做某件事，但又迫于压力而不得不去做时，他们便会用拖延来告诉你，自己对这件事有不满的情绪。

由于不敢直接表达自己的不满情绪，于是采取拖延的方式回击。这似乎成为他们的一种条件反射，而背后的情绪可能连他们自己都没有察觉到。

拖延对于他们来说，是对权力的争夺，是对被控制的不满，对控制者的攻击和报复。

如何与拖延症和平共处

1. 认知上的改变：修正不合理信念

（1）完美主义 VS. 发展心态

你需要认识到完美主义是不合理的认知。因为这个世界上没有完美的东西，这个世界也不是非黑即白的。你需要去接受努力后可能存在的不完美，用成长心态去看待事物和自己。

能力是可以发展的，通过努力，你可以随着时间的推移变得更有能力。成功是为了学习和进步，而不是为了证明你聪明。所以，即使失败，也并不说明你笨或者无能，而是你现阶段还无法做到更好。但是现在无法做好，不代表将来也做不好。

（2）逃避成功 VS. 强化自我价值感

拖延企图逃避的不是某个任务，而是由这个任务引发的某种感受。你逃避的不是成功本身，而是当你成功后被注目时可能受到的贬低和攻击，你感到这些贬低和攻击会挫伤你的自尊。

自尊是一个人对自我价值的评估。个人成长的一个重要使命就是要发展出对自己能力的合理认知，并接受自己的局限性，同时又能维护一个积极的自我价值感。

外在的贬低可能让你觉得自己差劲，没有价值。此时，你需要去辨别那些贬低和攻击的原因：如果是由于你自身的能力不足所致，那就用发展心态去对待；但如果是他人出于某种目的故意伤害或操控你，那你大可不必因此而认为是自己不够好的缘故。

而当用发展心态努力后得到一个阶段性成果时，你需要强化这种成就的喜悦。这有助于你自我价值感的提升，逐渐不再害怕成功。

（3）讨厌被控制 VS. 寻找内在动机

在成长的过程中，被控制的愤怒会让你从内心对父母产生抗拒，这种抗拒可能会延伸到你对待"权威"（老师，领导，长辈等）的态度。

你对被控制的感受非常敏感，一旦感到被控制，你可能会对原本感兴趣的事物立马变得不感兴趣。这时你可能模糊了想做的事和被控制做某事的界限。很可能两者会有重合，但你会本能地产生抗拒，变得拖延和不合作。

你可以想一想，如果没有权威的指令，你是否会喜欢你做的这件事。去叩问内在的动机，而不管这件事是否会满足父母或权威的期待。

寻找到做某事的内在动机，是惯性拖延的人转变的契机。

2. 行动上的改变

（1）试试结构化拖延法。

斯坦福大学的哲学教授约翰·佩里（John Pernp）发明了"结构化拖延法"而获得 2011 年的"搞笑诺贝尔奖"。结构化拖延法的核心是，教人们如何利用拖延积极高效地工作。具体的操作方法如下：

- 把需要完成的事情做成一个列表。

● 顺序按照重要度排序，上面是最紧急最重要的任务而不太紧急又必须要做的事情就放下面。

● 先做下面的任务，来逃避最上面更重要的任务。

那些最紧急又重要的任务，其实是我们无论如何都要完成的。但在拖延的时候，我们能去做一些同样重要但不太紧急的事，在暂时回避压力的同时，又能为达成最终目标进行准备。

（2）把目标拆成一块块砖头，找到关键入口。

《战胜拖延症》一书的作者——卡尔顿大学的心理学教授蒂莫西·皮切尔（Timothy Pychyl）说："大多数拖延的人们都是害怕任务的复杂和重要。所以你们可以将任务拆解成最简单的步骤，将门槛降到低得不能再低。只要让自己开始着手做就好。"

就像所有的高楼大厦都是用一块块砖头垒起来的，所有庞大的事业也都可以拆解成一个个核心步骤。直接要求自己立刻马上平地起高楼，是一件让大多数人望而却步的事，但是垒起一块砖真的不是啥吓人的大事情。所以面对复杂的任务，最好将其拆解成一块块容易完成的"砖头"，并在日程表中做出切实的规划：比如每天 20:00 到 21:00 完成一个垒砖头的计划。一旦进入关键入口，开始着手完成任务，我们就会收获成功的喜悦，忍不住一直继续做下去。这样，拖延就会和你说再见啦！

因此，接受自己是"拖延症患者"的事实，不要悲伤，不要心急，更无须自责，重要的是我们接下来要准备怎么做。如果原谅了自己之前的拖延，那很有可能在下一次就不拖延了。

自尊就像血糖，稳定最重要

来想象这样一个场景：

你刚回家，跟男朋友打招呼，说着今天的新鲜事，他埋头对着平板电脑，一直没有抬头。你叫了他好几声，他也不搭理你。这个时候你会怎么想？

这是美国佐治亚大学心理学系教授迈克尔·克尼斯（Michael Knies）在论文里提到的一项研究。研究者们邀请了120名恋爱中的大学生，先评估他们的自尊水平，然后描述9个虚拟的场景（上面就是其中一个），并问他们会如何反应。

结果发现，最容易把这个行为解读为"他不够关心我"，也最容易产生"我也不理他"的报复行为的，是那些自尊水平高、但不够稳定的人。

这个结论让克尼斯非常惊讶：因为在大家过往的印象里，会认为这样"想太多"的人，应该是低自尊者。

我们对"自尊"这个概念的关注点总是集中在"高低"的维度上，"低自尊"也成了很多人解释自我的标签。然而，打个不恰当的比方：自尊就像血糖，稳定，可能比高低更重要。

为了追求高自尊，我掉进了证明自己的陷阱

总听人说"他这人自尊心太强""我有点低自尊"……"自尊"到底是什么意思？

法国心理学家克里斯托夫·安德烈（Christophe Andre）、弗朗索瓦·勒洛尔（Francois Lelord）在《恰如其分的自尊》一书中指出：

自尊 = 自爱 + 自我观 + 自信

自爱指能给自己"无条件的爱"。不管贫穷或富裕，成功或失败，都能够接纳自己，相信自己是值得被爱的。

自我观指对自己有清晰的认知。我们每个人对自我的认知，跟真实的自我相比可能是有偏差的，一个人越能客观评估自己的优势和缺点，自我观就越完善，也就是我们说的有"自知之明"。

自信即是否相信自己有足够的能力去应对生活中出现的问题。

当这三个方面都运转良好，一个人的自尊水平就比较高；当其中一个或者几个部分出现了问题，就会出现"低自尊"的心理感觉。

在很多人眼里，低自尊是一个需要摆脱的麻烦。确实，低自尊的人通常会遇到这些麻烦：

- 经常低估自己，看不到自己的优点。
- 面对美好的事物会觉得自己"配不上"，因此进入不适合自己的关系，或者远低于自己实际能力的工作。
- 不能享受成功，容易出现"冒充者综合征"。
- 容易被别人的想法影响，讨好别人委屈自己。

但低自尊也有相应优点：比如更容易听取批评建议、理解他人需求，为了做好一件事提前努力，这在很多场合是受欢迎的品质。研究表明，自尊低，也不会提高暴力、吸烟、酗酒、过早的性行为这类事发生的概率。

相比之下，高自尊确实会让人产生愉快的感觉、增强做事的主动性。但它也并不是完全美好，比如：高自尊容易在失败之后把原因全部归结于外界，因此很难得到教训，或者因为高估自己的能力设置一些不切实际的目标，从而导致失败。

还有研究发现，高自尊的人报复心比较重，如果你指出了他的错误，他对你错误的关注度会提高三倍。

更值得注意的是，对高自尊的过度追求，可能反而使我们的幸福感下降。2004 年的一项研究发现，相比于自尊水平高低，一个人追求自尊的方式更加重要。当"高自尊"本身成为一项追求的目标时，它可能会带来一些负面的结果：

1. 对某个方面（比如工作、容貌）的过度关注。

研究表明，人们会把自我价值跟某样东西高度挂钩，甚至把它作为衡量自我价值的最重要指标。你是不是也产生过这样的想法：只有学习好 / 长得漂亮 / 有肌肉 / 拿到那个公司的录用通知书，我才是一个有价值的人。

这个"只有"背后的内容，就是你非常在乎并跟自我价值高度挂钩的事情。这会激励我们付出努力，但这里的努力，已经不再是为了这件事本身，而是把它变成了一种证明自己的途径，这很可能让你忽视事情本身的意义。

一个针对申请读研的密歇根大学大四学生的调查显示，那些把学习跟自我价值挂钩的学生会认为被录取的意义是"我被认为是一个有能力的人"，而其他人会觉得这是自己职业规划的一步"我不认为我被研究生院录取，就一定会对我'作为一个人'本身产生价值。我知道我已经在密歇根大学度过了我最好的学生时光，我仍有很多东西学习和贡献。"

克里斯托弗在《恰如其分的自尊》一书中指出，每个人在不同领域体验到的自尊程度是不同的，一个人可能在工作领域非常顺利，是高自尊的状态；但在情感领域却屡屡受挫。如果把证明自己作为目标，可能会让人过度依赖那个能给予自己高自尊感的领域，从而失去平衡——比如成为一个过度沉迷工作、忽视家庭生活的"工作狂"。

2. 更高的焦虑感。

对高自尊的追求可能会让人卷入患得患失的焦虑中。

詹妮弗·克洛克（Jennifer Crocker）在关于自尊的系列研究中指出，人们追寻自尊的行为，本质是为了管理恐惧和焦虑，这种动机形成于幼年时期，当孩子经历一些不安、恐惧的情绪之后，比如妈妈说："你如果×××，我就不要你了"。孩子会试图确认自己需要成为一个什么样的人，才能保证自己是安全的。

但让人难过的是，对高自尊的追求并不会减轻这种焦虑。的确，克洛克等人的研究表明当这种努力取得了成功，焦虑和恐惧确实会下降。但任何一个人都无法保证自己每次都能成功，当失败到来，那些拼命证明自我价值的人会感到更强烈的挫败，并产生防御。整体来看，失败带来的负面影响比成功带来的幸福感更多。

自尊的稳定更重要

看到这里，你可能会纳闷：这真的是高自尊吗？怎么跟我想的不大一样？

克尼斯教授开始研究自尊这个课题时，最初也有这样的疑问。

有天他看到文献里说，高自尊者会非常在意维护对自我价值的积极感受，这让他们用一种"保卫堡垒"的心态去生活，对自己可能的缺点视而不见，对别人的批评非常敏感。这使得他非常疑惑：如果一个人真的对自己很满意，那他受到负面的评价时，难道不会更从容，更不需要过度自我保护吗？为什么这些高自尊者的自尊这么脆弱？

后来他发现，自尊这个东西，不能从单一的"高低"维度来理解，还有稳定性。而所谓"自尊的稳定性"，是指你的自尊水平是不是容易受到外界事件的影响，比如考试没考好、表白被拒、被上司批评……

安德烈按照自尊高低和稳定性，把人们的自尊状态分为四个类型：

稳定高自尊、不稳定高自尊、稳定低自尊和不稳定低自尊。

而大量研究表明，自尊稳定性对一个人心理状态的预测价值超过了自尊水平的预测价值，就是说，相比于自尊高低，自尊的稳定性可能对一个人的心理健康更加重要。

1. 缺乏自尊稳定性的人，更容易被伤自尊。

自尊不稳定的人会更频繁遇到与自尊相关的负面事件，对其他生活压力事件的耐受度也更低。而这可能会引发抑郁、愤怒等负面情绪。例如，有研究表明，在最初没有抑郁的个体中，大学考试失败只在自尊不稳定的人中预示着抑郁的增加。而克尼斯在1988年的研究中亦发现，不稳定高自尊产生愤怒、敌意的倾向最高，稳定高自尊最低，而稳定或不稳定的低自尊在两者之间。

2. 缺乏自尊稳定性的人，更难从挫折中恢复。

自尊不稳定的人对自我价值感没有很好的定位。一方面，他们会把过多注意力聚焦到跟自我价值相关的事件，比如过度在意他人的评价。另一方面，他们存在一种对自己的偏见：他们会把不一定，或者完全跟自我价值无关的事情解释成"我不够好"。

比如同样是"一位同事没有回应你的微笑"，自尊不稳定者会把它解读为"我不讨人喜欢"，而事实很可能是同事今天太忙了；再或者，在一次考试失败后直接把原因归结于"我没用"。

还有研究发现，自尊不稳定的人对人际关系中的自尊威胁更加敏感，这会让他们更难拥有和谐的人际关系。

总而言之，相比于自尊的高低，自尊的稳定性对心理状态有更加重要的影响。一个自尊水平总是稳定在 6 分的人，很可能比一个在 2 分和 10 分之间反复横跳的人更加幸福和从容。

如何建立"恰如其分的自尊"

1. 通过"乔哈里窗",建立更加客观的自我认知。

低自尊者和自尊不稳定的人对自我的认知往往是不清晰的。而"乔哈里窗"可以帮我们探索自我认知中的盲区。这是两位心理学家乔瑟夫·勒夫(Joseph Luft)和哈里·英格拉姆(Harry Lngram)在 20 世纪 50 年代提出的,它把人的自我认知分成了四个区:

(1)开放区:我知道、别人也知道的部分。

比如你的名字、学校、简历上的职业经历,亲近的朋友可能知道你的喜好,同事可能知道你擅长做什么事情。

(2)盲区:别人知道、你不知道的部分。

这里面可能有你不知道的自己的优势或者缺点。比如我有个朋友特别善于在旅行中观察和总结这个陌生城市的特点,很像一个做田野调查的人类学家。但当我跟她说的时候,她很惊讶地表示自己完全不知道,但的确有别人向她指出过这一点。

再比如你以为自己是个脾气很好的人,但有亲近的朋友告诉你,其实你很容易情绪化,这都是值得探索的部分。

(3)隐藏区:我知道、别人不知道的部分。

比如你不太想让别人知道的过往的一些经历、独特的观点和想法,还有缺点和困惑。

(4)未知区:关于自己,我和别人都不知道的部分。

比如工作中有个活没人干,上司交给了你,结果你发现自己很擅长做这件事,这是你未被发现的潜力。

而提高自尊的方法，就是不断扩展四个区域中开放区的范围：

（1）把盲区转化为开放区。

比如你可以多问问别人，尤其是对你有亲密互动的同事朋友家人：对于我来说，你觉得有什么是很重要，但我没有意识到的东西呢？如此一来往往会有很大的收获。

（2）把隐藏区转化为开放区。

也就是更多地跟别人分享隐藏区的事情。比如你的优势、你对一件事的看法、你的情绪，通过他人的反馈，你会对自我有更客观的认识，这会促进你的自我接纳。

当然，自我暴露也是有风险的。你可以找出自己愿意分享的部分，按难度排序，一点点来练习。

（3）把未知区转化为开放区：让自己进入不太熟悉的环境尝试新的经历。

2. 通过调整目标跳出"证明自己的陷阱"。

稳定的高自尊人人都想拥有，但我们要承认，不把自我价值和外在事件挂钩本身就是一件很难的事。在一项针对 750 个大学新生的研究中，96% 的学生会选择把自我价值跟至少一件外在指标挂钩。

研究者克洛克指出，改变我们把自我价值寄托在外在指标上的倾向是很难的，因为这深深印刻在我们的早期记忆中。但我们可以通过有意识地调整自己的目标，跳出这个"证明自己的陷阱"。具体来说，就是把自己的目标跟更多人的利益联系在一起，选择一个对自我和他人都有好处的目标。

换句话说，就是不要再把"证明自己"当成做一件事的意义，而是多问问自己：做这件事能带给别人什么好处？

通过把目标跟他人的利益联系在一起，我们既不会损失努力的动力，也找到了努力更持久的意义，它还会让我们更幸福，有研究发现，与他人相关的目标可以缓解焦虑和抑郁。更神奇的是，当你不把追求高自尊当成目标，转而为包含他人的目标努力时，结果可能反而是拥有更稳定和非防御性的自尊。

最后想告诉大家的是，稳定的自我价值不该是一个追求的目标，而是一个自然而然的结果——当你变得更开放，更愿意分享；当你找到自己真正热爱的事，并专注于它本身的价值；当你真正关心他人，并自发地为他们做点什么……你便不会再怀疑自己是否有价值，因为那个答案就是一个肯定的"yes"。

第二章　走入长夜：当大脑生病了

你可能病了，但没有"疯"

如今，许多专业的心理疾病名词进入了我们的视野。我们常常在新闻中看到有名人患抑郁症、暴食症等的报道。

其实，心理疾病离我们并不遥远。拿抑郁症举例，在全球，抑郁症患者是一个多达 4 亿人的群体，15% 被诊断为临床抑郁的人选择自杀。

本章节内容将聚焦于常见的心理疾病，如抑郁症、双相情感障碍、成瘾行为、饮食障碍，以及关于自杀的事实和干预等几个方面，谈谈精神疾病、心理疾病患者该如何接受诊治，以及他们可能正在经历的方方面面。

抑郁自检指南：我"抑郁"了吗

可能大部分人都经历过抑郁，那是一种低落、难过的情绪状态，但抑郁症可能是最近这些年才被大家所认知的。随着一些名人的自我暴露，越来越多的普通人接触到了抑郁症这个词。但你可能不知道，患抑郁症的人比你想要多得多。

据统计，全球有约4亿人患有抑郁症，但是只有不到25%的患者会寻求有效的治疗。中国的数据更不容乐观，我国约有9000万人患有抑郁症，而接受治疗的患者大概只有8%。

为什么抑郁症就诊率这么低

我们都会有这样的疑问，为什么抑郁症的就诊率这么低？归结来说，大致有两点原因：

1. 很多人并不真正了解什么是抑郁症。

在我们的必修教育体系中，似乎没有任何关于抑郁症的科普，人们倾向用已知的经验去做联想和判断：把听来的抑郁症的表现（情绪低落、失眠、不愿意社交等）和由于性格内向、脆弱、想太多导致的负面情绪联系起来，甚至是画上等号。有一个人曾这样描述自己得了抑郁症后的感觉：

像是……跌进了一个深不见底、没有绳子、没有梯子的黑洞中，一点力气也没有，很绝望。偶尔上面的洞口路过几个人，会朝底下的我喊：你赶紧上来啊，以我的经验，这洞不会太深，你就是自己吓自己，别把它想得太可怕，你用点心、努努力肯定能上来的！

除了抑郁症患者不被身边的人理解之外，更可怕的是患抑郁症的当事人不理解自己。著名音乐人杨坤曾说："因为抑郁症，我受了整整六年的苦，其中最痛苦的两年是我还不知道'抑郁症'是什么的时候。"

2. 人们对抑郁症的病耻感。

因为大众对抑郁症的误解，罹患抑郁症的人也会产生不同程度的病耻感以及自我歧视，会开始思考："是因为我不坚强、太矫情吗？还是社会的价值观、大家的认识都错了呢？"为了不被歧视，很多人选择隐瞒自己的病情，或者否认自己得了抑郁症，更不会去求医了。

抑郁症离我们太近了，为了我们自己，也为了我们身边的亲朋好友，为了让抑郁症患者能够得到理解和关爱，对抑郁症多一些了解有百利而无一害。

这些表现，可能都是抑郁症状

你可能会认为大家的抑郁症都是同一种病，但事实上抑郁症是一类情绪疾病，包括重性抑郁障碍、持续性抑郁障碍、破坏性心境失调障碍、经前期烦躁障碍等多种类型。它们都有一些基本的症状表现，可以帮你进行自我判断。

1. 情绪持续化低落，觉得空虚，没有价值感。

可能你会认为抑郁症患者每天都是难过或伤心的，但并不是所有的患者都是如此，其实更准确的描述是：情绪低落、空虚。更像是一种情绪唤起程度较低、没有力量的状态。他们似乎丧失了生命力和活力，体验不到丝毫的价值感。这个持续，其意义更多是，每天都是这个样子。

2. 对周围一切事物都失去了兴趣。

患者会对一切事物失去兴趣，包括以前很感兴趣的活动。医生或心理咨询师一般会问来访者，平时喜欢做什么，周末喜欢干吗？典型的抑郁症患者会说，我以前还去打球，现在提不起兴趣了……好像对什么都不感兴趣。

3. 食欲激增或丧失，体重明显变化。

人的情绪很容易影响食欲。但不一定是丧失食欲，也有可能会暴饮暴食。所以更需要关注的是，当事人的体重在一个月内的变化是否超过了5%，刻意减肥、增肥不在其列。但是对于抑郁症患者来说，他们可能在相当长一段时间里，都没有注意自己的体重发生了变化。

4. 睡眠出现问题，失眠 / 嗜睡。

很多抑郁症患者一开始都很难意识到自己抑郁了，他们最先抱怨的常常是"我最近经常失眠"。失眠的发展会经历三个阶段。

第一个阶段是很难入睡，第二个阶段发展为夜里反复醒来，第三个阶段是早醒后无法再入睡，在这个阶段，患者虽然能够入睡，但凌晨三四点钟就会醒来并且再难入睡。

5. 行为发生改变（烦躁、行动缓慢）。

抑郁症患者的行为往往会发生明显的变化，特别是行动和思维会变得迟缓，而这些变化也很容易被身边的人注意到。比如，以前挺干净整齐的一个人，忽然变得邋里邋遢、蓬头垢面，以前挺机灵的一个人，最近思维特别混乱。

6. 疲劳、没精神。

抑郁症涉及身体内一些生化物质的改变。就像人得了肺炎会发烧一样，得了抑郁症会让你觉得疲劳、没力气。有些抑郁症的患者一天睡 22 个小时，仍然觉得很疲惫。

我们要意识到，抑郁症并不是仅靠主观意志就能改变的，仅仅是鼓励患者振作起来并不会起作用，这就像跟骨折的病人说"加油！去跑步！咬咬牙！你可以的！"一样，只会让当事人感到不被理解。

7. 自我评价低，消极思维。

没有人愿意持续地思维消极，而且抑郁症患者甚至可能会因为自己的"消极"而不断自责。但这是抑郁症的症状，更宽泛一些说，这也是身体里化学物质发生变化的结果。抑郁症患者自己也很难变得积极起来。

8. 思维迟缓，注意力不集中。

就像加班加了三天三夜之后，你会感到头晕、思维变得缓慢、注意力很难集中一样，抑郁症也会让人产生相似的感觉。

9. 产生死亡的念头。

抑郁症患者因为对一切都丧失了兴趣，很难体验到生活的乐趣和意义感，反而会体验到可怕的痛苦和空虚，所以死亡的念头会经常出现在他们的头脑中。

10. 持续两周以上。

以上症状需要持续两周以上。

上面的十个症状可能对普通人来说很难都记住，那么这里还有一个简单的方法。美国心理学会和世界卫生组织提醒，如果在持续两周的时间里出现了下述三个症状中的两个，那么你就处在罹患抑郁症的高风险之中，请一定去专业医院寻求诊断和帮助。

这三个症状分别是：

- 每天都情绪低落、空虚、没有价值感。
- 对周围一切事物都丧失了兴趣。
- 疲劳、思维迟缓。

需要注意的是，请千万不要等到对生活完全丧失了兴趣才去寻求帮助，倘若感觉到不适，可以及早寻求专业的诊断和帮助。就像口渴了要喝水、骨折了要养伤一样，抑郁症作为一种生理、精神可见的疾病，值得你认真地下一剂药方。

如何诊断、治疗抑郁症

抑郁症被归为精神类疾病。它有很多可能的成因，包括大脑激素、神经递质的分泌紊乱、基因遗传、人格特点、生活中的压力事件、物质滥用等多种原因。一般来说，是这些原因中的多个因素共同作用导致一个人患上抑郁症。

根据诊断结果，结合患者病情的严重程度和现实情况，医生一般会建议病人通过住院治疗、药物治疗和心理咨询等方式进行治疗。

1. 住院和药物治疗。

住院治疗和药物治疗都是医院能够提供的服务。在中国，只有精神科医生能对抑郁症患者进行诊断、开具处方药。对于比较严重、自杀自伤风险较高的患者，医生一般会建议住院治疗。这是为了给患者提供更及时、全面的治疗，防止事故的发生。对于药物治疗，需要来访者有一定的耐心，因为不同的人对同一种药物的反应都不一样，有些患者可能在试过几种药物之后，才能找到最合适自己的那一种。所以，患者一定要谨遵医嘱，不要因为没能快速见效就擅自停药，遇到问题一定要及时去医院复诊。

2. 心理咨询。

心理咨询由受过专业训练的心理咨询师提供，大多数心理咨询师都在医院之外的机构里执业。抑郁症患者病情较轻，或者通过药物已使症状得到控制时，在精神科医生的建议下，患者可以接受心理咨询的帮助。心理咨询能够给来访者提供一段稳定的人际关系，帮助来访者对自己产生更多的觉察，有更多表达自己的思想和情感的空间，逐渐恢复解决问题的能力。有一些心理咨询流派能够有效地解决"症状"，另一些流派则适合从更深层的角度来做自我探索和成长。

需要注意的是，抑郁症有时还伴随着一些其他的生理、心理疾病，一定要在专业人士的帮助下，才能对症下药。

关于抑郁的五个误解

其实，大众对于抑郁的误解，是对抑郁者最残忍的事——遇到问题，却不知道自己是什么问题。深陷抑郁，却得不到足够的尊重了解。

下面我们来澄清几个"大众对抑郁最常见的误区"。

1. 心情低落就是抑郁了？

"我这两天心情特别低落，估计是得抑郁症了。"

常常听到周边的朋友用玩笑的语句说起这话。现在"抑郁症"似乎被过度使用了。真正的抑郁症，"心情低落"要持续至少两周，并且严重影响社会功能（比如学业、日常工作、社交等），而且对事物缺乏兴趣，做什么事情都觉得没意思，感觉很累。

此外，还会对饮食、睡眠，体重等躯体方面产生影响（比如体重严重降低，失眠易醒等）。

但事实上，日常生活中，人们或多或少都会因为工作、学业压力、家庭突发变故使得情绪受到影响，这样的时刻往往是抑郁状态 / 抑郁情绪，未必是抑郁症。

因此，心情低落并不一定就是抑郁症，在未确诊之前，大家也不要自己吓自己呀。

2. 性格软弱的人才会得抑郁症？

"每个人都有压力，同样会面对这些事情，怎么别人就没事，你就这么没用呢？受挫能力太差了吧。"

许多人认为患有抑郁症是不够坚强，不够积极的表现。事实上，抑郁症的发病原因十分复杂，学者们认为抑郁症的病因既与神经生物递质的改变相关，也与个人早年经历和成年遇到的生活事件相关。张玉桃等人的研究发现，经常进行自我批评或被父母经常批评的人更易发生抑郁。

抑郁症的一大核心特点是攻击性向内，而高自我批评个体是内部指向性的，主要受内部因素而非环境因素的影响。此外，追求完美会影响个体的自我效能感和自尊，完美主义的人将更多精力集中在自己的缺陷上，较易陷入抑郁中。

3. 乐观外向的人，就不会得抑郁症？

很多人说，"爱笑的人运气不会太差。"

我们普遍认为乐观外向，对事情积极向上的人不会得抑郁症。所以在很多喜剧演员们确诊抑郁症后，多数人也往往十分惊讶。

然而，由于工作、面子、礼节、责任的需要，很多人会用微笑来隐藏自己内心深处的真实感受。李颖等人的研究表明，"微笑型抑郁症"常见于那些学历较高、身份地位不低、事业有成的职业人群，其中以服务行业最为典型。

成功人士往往过于追求完美，缺乏可以交心的知己朋友，而且很少向他人倾诉情感。在我国，"微笑型抑郁症"多发生在白领阶层，他们很多是机关工作人员、企业管理层或技术人员，且男性要比女性多。在传统文化的要求下，"男儿有泪不轻弹"致使很多男性成为"微笑的病人"。

4. 抑郁了，和亲朋好友聊一聊就能好？

"每个人都有不开心的时候啦""别想太多了，要放松""好好调节下，你看你就是想太多了"。

有些人认为，抑郁症只是心理问题。心病就是憋太久了，平时压力太多了，没和他人宣泄，没有好好放松和调节的缘故。甚至有人会跟你说，患抑郁就是因为想太多，只要多和朋友聊聊天，情绪得到了疏解，自然就会好了。

其实抑郁情绪和抑郁症是很不一样的，特别是重度抑郁症，往往是需要进行心理和药物的综合治疗的。除了有些人对抑郁症的认知不全，还有人明明被确诊了抑郁症，还是觉得自己能够调整。

也有很多人存在病耻感，觉得如果去做心理咨询或者去医院开药，自己可能就是精神病了，别人也一定会带着异样的眼光看待自己。

亲朋好友的社会支持固然重要，但是专业的治疗才是针对抑郁症最有效的办法。

5. 抑郁症靠心理咨询 / 治疗就够了？

"吃药会带来副作用，所以我只需要心理咨询就足够了。"

有些人认为抑郁症仅仅通过心理咨询 / 治疗就能治愈，有些人担忧药物的不良反应从而不服药。如果只是轻中度抑郁，心理咨询 / 治疗会很有帮助；如果是重度抑郁（尤其是和生理相关的问题），甚至已经有自残自杀意念或行为，转诊精神科并采取药物治疗等也是有必要的。

学界一致认同，药物治疗和心理治疗同时进行，效果最佳。如果你特别担心药物不良反应，可以与主治医生充分沟通，不适时及时反馈，医生与你也是在同一战线的。

抑郁自救指南

罹患抑郁状态之后，必须尽快就医，遵医嘱治疗。同时，也可以寻求心理咨询师的帮助。然而，与其他疾病一样，在抑郁症的治疗过程中，我们必须保持一种战胜疾病的决心和信心，端正心态，积极自救，才能让医学治疗发挥最大的作用。

下面为大家介绍一些处于抑郁情绪或抑郁状态时有助于改善情绪的自救方法。

1. 拥有耐心。

人陷入困顿的时候，非常容易被一叶障目。深信只有脑袋中浮现出的所有问题都能被一一解决时，自己才可能高兴起来。

然而一件令我们感到痛苦的事情发生，往往是你的内在困苦在现实生活中的一个映射。比如你渴望获得一幢大房子，它背后可能是你赋予了"获得他人肯定"过度的意义；可能是你需要通过一个大房子来解决和处理你不能面对的家庭关系，渴望通过空间帮助你来处理它。

一个房子倒塌前，它已经坏掉很久了。往往我们认为令自己感到痛苦的事情，都是我们美化过的、可被讲出来的"靶子"。我们真正害怕的、担忧的，都藏在这个壳子的背后。

有时候我们有勇气去面对它们，有时候我们还没有足够的力量。请耐心地等待。

2. 多做令你感到高兴的事情、见令你感到高兴的人。

听起来简直是句废话。但是非常有效。

你可以自己检查一下自己的生活，你的生活中和喜欢的人相处的时间有多少，你所做的事情中有多少是你喜欢的？

我第一次从积极心理学里看到这句话的时候，醍醐灌顶。我开始不断询问自己，我为什么认为自己必须去见那些我不喜欢的人？"不得不做"的不喜欢的事情里面，哪些是出于我不假思索的惯性，哪些是我可以舍弃的欲望，哪些是我主动的选择？

当我开始有意识主动地选择，这就像打游戏一样，那些令你感到高兴的事情和人就会加倍，使你即便身在阴影处，也能够心怀希望。

3. 不要和他人比较痛苦。

人类会很轻易地评判他人，也会这样对待自己：这点小事你就感到痛苦啊；为什么你不能像别人一样努力呢？别人能够做到的，你为什么这么脆弱？

然而人和人的痛苦是不能比较的。一个体质健康的孩子和一个免疫系统受损的孩子，当他们感冒的时候，身体反应和所体验到的感受是完全不一样的。

这个世界上，有没有人是特别健康、完全没有创伤地长大的？答案当然是：没有。我们每个人都经历过"创伤"，有些是人类文化禁忌所带来的，有些是家庭带来的，有些是成长这个过程本身要求我们必须体验的——遗憾、哀伤、愤怒和未被消解的痛苦感。

我们当然可以说一个人比另一个人在某个时间段、某件事情上反应更健康，然而我们每个人都有自己的脆弱之处，会在他人看来不足挂齿的事情上感到痛苦。

痛苦感是真实的，不要评价自己的伤口。

4. 不要相信"别人可以，我也可以"。

太多的信息在告诉你：我可以，所以你也可以。比如：我可以赚很多的钱，你努力一些你也可以。我可以变得很瘦，你也可以。我可以给我的孩子争取最好的学校资源，你不能是因为你不够好。而实际上，大多数情况下，即便别人都可以，你也可能是做不到的。

然而这并非是一个人的错，有时候也不值得我们为此感到遗憾（大家都去争取的不一定就是好东西啊）。

这种"我可以，你也可以"是被制造出来的幻觉，让你误以为自己没有拥有他人有的东西，没有获得某种奖赏或者物质，都是由于你不够强或不够努力。它当然可以在某种程度上给你鞭策——但是它会带来更多糟糕的影响：

• 它让你无法从真实的生活中得到满足。

• 它会让你觉得一定要拥有什么，或达到什么地位才能算幸福。

• 它让你不再清楚自己想要的是什么，怎么做是对的，相反，你只能在他人建构的框架里寻找所谓的正确答案。

放松去过你的生活吧，享受它。

5. 当你不知如何选择的时候，停下来等一等。

我们常常会遇到这样的情况，当我们面临某个选择时，忙了很久，身心俱疲，却没有任何结果，仍然不知如何做决定。灰心之下又抑郁又焦虑。感觉自己像拉着一只被困住的猎犬，觉得前方无路，猎犬又狂吠不止。

这时候不如停下来。当我们不纠结于具体的选择时，反而会在漫长生活之中，时时想起，偶尔和朋友讨论。当我们不急于一个答案时，反而会使方向和真正的问题慢慢地复现。所以说，停下来也是一个选择。

6. 一定要给自己定目标的时候，目标要又细节又小。

不要给自己设定非常宏大的、模糊的、没有操作方法的目标。比如："我想要快乐起来""我想要摆脱孤独感"；如果你将自己内在对于自己苛责的声音更换成："我打算一周去打一次球""坚持收拾床铺三次""约一个朋友吃饭"这样细节的目标，就会获得更多的掌控感。

人对自己的生活哪怕多一点点控制感，都能建立起一些生活最基本所需的希望感。

7. 增加"此时此刻"的体验感。

人抑郁和焦虑的时候，容易深陷迷思，所有糟糕的念头都一并而来：比如我完蛋了，我再也好不起来了，我很糟糕，一切都完蛋了。我们会倾向于将任何发生的事情，都渲染成为糟糕的色彩，再将它嵌套进对自我的评价、未来人生的预期。

这种迷思会像一个鬼打墙的迷宫。当你越是深陷焦虑和头脑中的想象，就越困苦。当你意识到你在这种迷思之中，可以尝试深呼吸，站起来，将你的注意力拉回到你所身处的空间。你看看你所在的空间是什么颜色？有什么物体？你穿着什么样的衣服？你的皮肤有怎样的感受？你可以摸摸你身旁的东西，体会一下它的质感。

总之当你意识到你在迷思中时，要用你的身体将自己的大脑从"对未来无尽的糟糕想象中"拉回到当下，拉回到此时此刻你所在的空间，告诉自己，你大脑中所构思的一切，都并未发生。

8. 好好吃饭、好好睡觉、有事可做。

要真心实意地相信：一个人吃得好、睡得好、规律地有事可做，就能够使你有弹性和韧性面对人生大部分的情绪困扰。

不要小看日常生活的力量。

我该如何帮助疑似抑郁的亲友

如果你的亲人或朋友疑似患上了抑郁症，除了带他们及时就医之外，还有几点需要大家注意：

1. 抑郁是一种严重的疾病，不要低估抑郁症的严重性。抑郁会耗尽一个人的能量、乐观和动力。抑郁症患者不可能完全靠意志力"振作起来"。

2. 抑郁症影响的不只是一个人。抑郁可能会导致当事人很难与身边的人建立并维持深厚的感情，即使是他们最爱的人。有时候他们会说出伤人的话或发泄愤怒。记住，这时是抑郁症在说话，而不是你所爱的人，所以尽量不要把那些话当成是针对你个人的。

3. 掩盖问题并不能解决问题。如果你试图找借口掩盖问题，或者为抑郁的朋友、家人的病情撒谎，这对任何人都没有帮助。事实上，这可能会阻碍抑郁症患者寻求治疗。

4. 他们不是懒惰或没有动力。当一个人正遭受抑郁症折磨时，仅仅是想一些事情都可能让他们筋疲力尽，更不要说付诸行动了。所以在鼓励你所爱的人迈出恢复的第一步时，要有耐心。

5. 陪伴和理解胜过指导。尽管你很想让他们快快好起来，但作为非专业人士，你无力将某人从抑郁中解救出来。相比于急于为抑郁症患者提供建议或指导，承认他们现在面对的艰难和痛苦可能是他们更需要的，这时只要耐心地陪伴他们就好了。他们需要的是被理解和被看见。

识别自己的情绪状态，是预防和抵抗抑郁的第一步。
我们为你准备了专属于你的建议指南。
扫码回复暗号"抑郁"免费获取"抑郁水平测试"。

地狱天堂皆在脑中：关于双相情感障碍的一切

"她会无缘无故地变成一个暴怒的怨妇，声音可以瞬间变得尖刻、刺耳，眼神尖锐到骇人；舞台上的她频频崩溃，忘词、唱错、攻击同台演员。但当她安静下来时，又楚楚可怜得像一个受伤的小孩"。

费雯·丽（Vivien Leigh）给予我们的印象可能是《乱世佳人》中那个活泼耀眼的斯嘉丽，但她患有双相情感障碍已不是秘密。饱受双相障碍折磨的她，以健康为代价，换取了短暂而耀眼夺目的一生。

这一节，我们想聊聊关于双相情感障碍你需要知道的一切。

什么是双相情感障碍

双相情感障碍，也称为躁郁症，是一种躁狂与抑郁交替发作的严重精神疾病。

躁狂发作是双相情感障碍的标志性特征。主要的表现有：

- 心境高涨：心情极好的同时也容易被激怒。
- 思维奔逸：个体的思维比语言表达的频率更快，且能在不同话题之间快速转换。有时候因为想法塞满脑子以致于难以表达。
- 活动性增多：变得极为健谈，语速快，且话语内容夸张。
- 自尊膨胀，伴随冲动行为。

● 睡眠需求减少：长时间高效率工作还不觉得累，不需要或只需很少的睡眠。

抑郁发作是双相情感障碍的另一大特征。双相障碍中抑郁发作期的症状往往与单相抑郁症相似，在临床上常常难以区分。患者在抑郁发作时，也会表现出心境低落、丧失兴趣和活动性减弱等抑郁表现。而只有情绪低落的时候，他们才会有求助的念头，而正是因为大部分患者都是在抑郁期就医，双相障碍很容易被误诊断为抑郁症。因此，当你察觉到身边的朋友或亲人有抑郁的症状时，也要留意他是否出现过（轻）躁狂的症状。

令双相情感障碍患者最痛苦的是，他们的抑郁和躁狂是交替发作的，可能你会看到他们在某段时间情绪特别高涨，甚至觉得自己是人间的主宰。有时他们又特别抑郁，难过到不想再继续活下去。

一位双相情感障碍的患者曾对我们说："有些人光是为了活着就要竭尽全力了，那就是我。"

一些对于双相的误区

经历过痛苦的人，往往才会更理解别人的痛苦。没有经历过的人们常常对心理疾病有一些误解和迷思。尤其像"双相情感障碍"这种在字面上就给人的想象力以巨大发挥空间的词，对于它的误读往往是两极化的。

1. 双相只是心情的正常起伏。

很多人会轻视双相情感障碍，认为它可能就是"一阵儿高兴，一阵儿难过"的状态，甚至人们会胡乱地把"双相"的标签随意贴在别人和自己身上。

这对于真正饱受双相障碍痛苦的人们来说，是非常不公平的，就像以前我们轻视抑郁一样，认为抑郁症患者只需要"积极点"就可以了。

双相障碍的患者总是游走于天堂与地狱之间，这种飙升和跌落感伴随着他们度过一个个挣扎的日夜。作为正常人，我们会主动去玩跳楼机寻求刺激，但如果让你想象这一辈子都在跳楼机上过呢？这可能就是双相患者们的痛境。

2. 双相偏爱天才？

有人认为，双相情感障碍是一种"天才病"，是人类为了换取智慧和创造力所付出的代价。许多轶事和传记记录也一直呈现着这样一种趋势，好像患有双相障碍、精神分裂症等精神障碍的人似乎都是天才，都有独特的世界观。

美国精神病研究者凯·雷德菲尔德·贾米森（Kay Redfield Jamison）在《躁郁症与艺术家气质》一书中，列出了一系列可能患有双相障碍的名人名单，其中作家、艺术家和作曲家占绝大多数，丰富的想象力和创造力是他们疾病黑暗中留存的一丝光明。

双相障碍是很严重的精神疾病，它所带来的痛苦足以将人击倒，媒体经常宣传的"天才躁郁患者"是一种幸存者偏差，南派三叔自曝患有躁郁症，也加深了这种幸存者偏差的印象。虽然能够创作出无与伦比的艺术听起来极具吸引力，但是双相绝不值得追寻。

3. 双相存在一个切换情绪的开关。

很多人认为双相情感障碍患者在躁狂和抑郁之间的切换是一

种很神奇的事情。有些躁郁症患者也隐约能察觉到自己找到了一个"开关"，可以自己选择随时开启躁狂的状态。

确切来说，并不存在一个真正的"切换开关"，只是当患者在进行某些活动时，脑内激素的分泌水平影响了神经活动，从而触发了躁狂的状态，这其实是一个转换的过程。

正常情况下，患者并不能预期自己下一秒的状态是怎样的。情绪的波动也不是他们所能够完全"控制"的。

患了双相障碍之后的路

双相情感障碍是一种难以完全疗愈的精神疾病，经药物治疗康复的患者，在停药后一年内的复发率也较高。

除了生理上服药来减缓痛苦之外，心理治疗在康复期起到了重要的辅助作用。如果患者在用药维持情绪稳定的情况下，同时接受心理咨询或治疗，那么复发的可能性会大大减少。正念技术、认知行为疗法等都被证明是治疗双相情感障碍的有效措施。

双相患者会一直处于躁狂与抑郁交替进行的状态，对于家人、伴侣和朋友来说，这是一件令人心碎又头疼的事情，他们起伏的状态、"不可理喻"，会消耗掉周围人的关心和耐心。

但对于病人来说，所处的家庭环境和社会环境宽容是缓解病情的重要因素。来自亲人的社会支持以及包容、陪伴会提供一个良好的愈后环境，是预测患者之后情绪稳定性的有效指标。

理解成瘾：人们从"成瘾行为"中寻找什么

2019 年 5 月 25 日，世界卫生组织 WHO 宣布游戏成瘾被正式列入精神疾病（国际疾病分类第 11 次修订版）。并给予游戏成瘾的标准一个明确的规定：

- 无法控制自己玩游戏的时间和强度。
- 玩电子游戏越来越优于其他生活兴趣。
- 即使有负面后果也持续或增加玩游戏的时间。

可如果将这一诊断标准中的游戏"二字"换成其他词，如学习、运动、小说、手机、追星……好像也说得过去。但精神疾病中却没有学习成瘾、运动成瘾、追星成瘾这样的诊断。说到底，也许成瘾根本不是游戏的错。作为一种中性工具，任何事物都可能造成一些消极的影响，但也可以被积极利用。

什么是成瘾

提及成瘾，我们一般会想到两大分类。物质成瘾：如酒精、毒品等；行为成瘾：如沉溺游戏，疯狂购物等等。成瘾的核心特征是：明确知道自己的行为有害，却无法自控。我们知道过度酗酒会对身体造成危害，过度"买买买"的"剁手党"们会还不起信用卡账单。但我们已经失去了控制，我们对这些行为有着非常强烈的渴求欲望，无法停止。

需要提醒的是，有些人沉浸在玩手机，刷微博微信中，但并没有达到依靠这些行为来生活的地步。那么，这种状态并不是真正的"成瘾"。

劫持大脑的小恶魔——成瘾的原因

成瘾的原因主要分为生物学原因和心理学原因，在这两个小恶魔的共同作用下，我们不知不觉地沦陷了。

1. 成瘾的生物学成因。

很多时候，我们将成瘾行为归罪于个人意志力的薄弱。实际上，当成瘾真正形成的时候，事情已经不仅仅关乎意志力，而是关乎大脑结构了。我们所摄入的化学物质和行为都会改变我们的大脑。这些改变会影响我们的判断力、控制力等等。

如何做出改变？成瘾的生物学成因一直处于研究中，复杂多样。例如，有研究证明，成瘾物质会损害人体大脑中的前额叶皮质与杏仁核。前额叶皮质是掌管我们控制、判断和计划的区域，杏仁核则负责我们的情绪功能。当大脑中的这两者遭到破坏时，自然会对我们的行为产生严重影响。

另一个被广泛接受的解释是多巴胺。多巴胺是一种由大脑分泌出来的，能让我们感受到快乐和愉悦感的物质。在食物、性以及成瘾物等令人愉悦的事物的作用下，多巴胺的分泌会增多，从而启动大脑内部的奖赏回路，给人带来强烈的快感。

2. 成瘾的心理学成因。

在我们还是婴孩的时候，我们需要去形成依恋关系，这些关系通通投注到了我们的原始需求上：食物、爱抚和别人对你的关注与爱等等。婴孩怎么表达这些需求的？哭、闹、踢腿、卖萌、笑、摆动身体。他们试图引起抚养者的注意，其潜在诉求是：我要吃饭，要你来安抚我等等。在这个过程中，如果抚养者没有及时提供或满足需求，婴儿就会产生非常愤怒的情绪。他会哭得更厉害，有的小孩可能会直接把自己封闭起来。

如果这种需求持久性地得不到满足，慢慢地，婴孩就会对外界形成这样的一个信念：抚养者也好，其他人也好，整个世界都是不能相信的！因为他们没能在他需要的时候满足他的基础需求。但人需要活下去啊，我们需要食物、水、安抚和关注。于是，我们会将一些最原始的需求，即对食物、对性以及对一些快感的追求变成我们最信赖、最依赖的对象，而不是寻求与其他人建立联系。这就形成了一种成瘾模式，把其他人隔绝在外。

还有一些人有着挺稳固的依恋关系，但为什么经历一些事情后会对某些事情上瘾？这是因为，当我们经历创伤后，我们又会重新回到最初形成依恋关系的状态，我们会"退行"。那个时候，当我们只能抓住／使用一样东西或一个策略时，我们就会跟这个东西建立联系。比如说，我知道喝酒可以让痛苦暂时好受一点，那我可能就会跟酒精手拉手变成了好朋友。

而从"社会学习论"的角度看，成瘾是因为当事人受到了家庭或环境的影响。如果家里或周围有很多人吸烟喝酒，那你可能也会感染这些习惯，再慢慢地变成滥用或者是依赖性的使用。又比如，父母曾经常常使用酒精来排解自己心中的郁闷或压力，那么当你经历压力时，你也会学习着使用这种方式来回避自己的痛苦。

一些慢性疾病也会引发成瘾行为。美剧《生活大爆炸》里的 Raj 平时不能跟女生说话，他只有喝酒的时候才能跟女生说话。很明显的，Raj 是一个患有社交恐惧症的人，他需要通过一些手段或东西来处理这种疾病带给他的困扰与痛苦，以做到正常生活工作。对他而言，最方便的，最易于获取的，就是酒精了。

测量你的成瘾程度

成瘾有非常多的测量手段。有一个最简单粗略的评估手段，叫作"CAGE 评估表"。这是一个问卷，有四个简单的问题，根据这四个问题，你可以粗略评估一下自己的成瘾状态。

C，Cut Down，即减少。指你是否尝试过减少使用你成瘾对象的使用频率？比如说你很爱喝酒，你有减少过喝酒的频次或者喝酒的量吗？

A，Annoyed，即发火生气。指当亲人朋友对你喝酒、打游戏甚至是赌博等其他行为有异议并进行指责时，你会发特别大的脾气吗？

G，Guilt，内疚。即你有没有对自己喝酒或其他成瘾行为产生了很内疚／愧疚的心理？

E，Eye-opener，也就是现在大家常说的早上一睁眼就会摸出手机，刷朋友圈和微博等等。又或者，早上一醒来，必须要喝杯咖啡或酒，通过某种物质才能将生活继续下去。

在 CAGE 的四个问题里，如果你有两个以上（包括两个）的回答是"yes"。那你可能就需要注意一下自己是不是有成瘾倾向。当然，这个评估是非常简单和粗略的，它不一定代表我们百分之百有成瘾的行为。

成瘾与戒瘾的误区

1. 成瘾是他们自作自受。

很多人认为，成瘾的人是在自作自受。因为是他自己选择去吸毒，酗酒，或者赌博，那就要自己去承担后果。的确，很多成瘾者一开始是自愿使用某些物质来追求快感。但很多时候，这些尝试都是试验性的，偶尔为之的。只是我们忽略掉了那些危险的"物质"，低估了他们对大脑造成的危害。

我们过分地指责成瘾者，有时候反而会给他们造成更多的困扰，让他们产生病耻感，从而没有办法更好更快地接受治疗。很多时候，成瘾者及其家人非常痛苦的一个原因就是，外人总是批判成瘾者意志力差，没有能力去戒瘾。但实际情况是，这已经不是我们想不想戒的问题了，而是大脑受到了损伤，不听使唤了。

2. 容易成瘾是因为性格有缺陷。

"有些人容易成瘾，那是因为他们的性格有缺陷"——这是一个常见的污名化问题。我们每个人都容易对身边的事情成瘾，比如吃饭、性生活等等。只是，在"过量"的行为之下，我们的大脑会被改变，不再受控制。更多的时候，如我们刚刚了解到的那些成因一样，成瘾是在很多微因素的影响之下形成的。如环境、家庭的影响、策略反应等等。而不仅仅是因为性格有缺陷造成了成瘾。

3. 戒瘾不需要心理治疗的辅助。

以酗酒为例，我们经常只把酗酒者送去生理脱毒，而不关注其是否需要心理戒毒。当生理脱毒，而心理上并没有戒瘾的时候，成瘾行为是很容易复发的。然后我们又会用很多常见的误解，如性格、意志力等因素来指责成瘾者，彻底忽略心理因素。

理想情况是，当你完成了生理脱毒后，医生会根据你的情况来决定是继续住院治疗还是回家，参加一些门诊治疗或心理治疗。从科学研究角度来说，相对比较有效果的心理治疗方式是认知行为治疗。还有一些治疗师会加入正念、冥想等理念到治疗中去，来帮助成瘾的人重新恢复到没有毒品、没有成瘾物质的生活中去。

理解强迫症：陷在自己思维中的"西西弗斯"

生活中，我们常常用强迫症自嘲：

> "我喜欢把家里的东西归置整齐才看得舒服。大概我算是有点强迫症？"
>
> "我是不是有强迫症啊，我看见 APP 上面的红点一定会点掉。"
>
> "标题叫《逼死强迫症系列》的视频，里面全是摆列不整齐的物品，比如缺一块的拼图。"

但严格意义上的强迫症，属于一种精神疾病，有明确的诊断标准。上面这种轻度的强迫习惯和真正的"强迫症"，其实有挺大的区别。

也许你有疑问，自己的强迫症到底是真的还是假的？这两种有什么区别？虽然没有强迫症，但有想改掉的强迫行为，应该怎么办？

让我们从电影《飞行家》里面，莱昂纳多饰演的典型强迫症患者——霍华德·修斯说起。

他有多疯狂就有多脆弱：强迫症的世界

电影《飞行家》中，主角霍华德·修斯是一个商业天才，获得了巨大的事业成功，但另一方面，他又饱受强迫性想法和强迫性行为的折磨，生活和感情波折重重。

作为一个名副其实的强迫症，霍华德·修斯在生活中具体都有哪些表现呢？

1.强迫性想法。

（1）害怕细菌或污染。

在霍华德和赫本的约会中，赫本发现霍华德的飞机手柄上缠着一圈膜布。她问霍华德为什么要给方向盘裹上玻璃纸，霍华德回答说："你不会想知道方向盘上都有什么的。"

霍华德害怕无处不在的细菌和病毒，以至于随手触碰的物品都要裹上玻璃纸防止接触。

（2）事物对称或完美顺序。

电影中几乎各处都在提霍华德的这个习惯。在处理工作时，霍华德吩咐手下送来巧克力，他打电话要求"巧克力要中等大小，不要离边缘太近"。

一旦他需要的规则被破坏或是不正确，他会感到反胃恶心，甚至崩溃。

2.强迫性行为。

（1）过度清洁和（或）洗手。

作为常见的强迫症患者表现，霍华德的强迫性洗手发生在接触物品之后。他拿出小时候母亲给的那块香皂，近乎疯狂地双手搓拭，直到手被搓破流血才停下来。

（2）以特定、精确的方式排序和安排事物。

排列准确的豌豆和没有开盖的瓶装奶是霍华德的用餐习惯。在这一幕中，同伴玩笑中夺走了他餐盘中的一颗豌豆，在设定好的规则被破坏后，霍华德立刻开始坐立不安和焦虑，最后无法忍受地起身离开了餐厅。

（3）反复检查物品。

霍华德的完美主义特别体现在工作中。在制造新型飞机的过程中，他非常在乎每一根钉子是否排列整齐，飞机的外壳够不够平滑，以及需要反复挑选他心中最完美的方向盘。

（4）强迫性计数。

在挑选方向盘的过程中，霍华德突然开始无法控制地重复同一句话，他不断地重复，只能捂着嘴强制自己停下。

为了停下来，他开始拼读"Quarantine"这个单词，从"Q"开始，到"E"结束。他一遍又一遍地拼读——这就是他的强迫性计数方法，他在用这种方式让自己冷静下来。

我们能看到，霍华德的所有强迫行为都是为了应对强迫思维而实施的，但事实上，这些强迫行为并不能减少他的痛苦。

强迫症患者就像是陷在自己思维中的"西西弗斯"，无休止地将石头推上山顶，石头立马从山上滚落，之后继续推石头上山顶，在反反复复的行为中忍受着煎熬。

强迫人格和强迫症：摇摆在谱系的两端

也许你在霍华德的一些行为中看到了自己的影子，但这并不代表你就是强迫症。

我们可以把人格特质理解为一个谱系，适度是健康的。

这些人虽然也有一些强迫行为的特质，像是完美主义（对细节、程序过分关注）、固执（坚持按照自己的规则来，缺少弹性）等，但他们的内在自我是协调的，没有冲突的，这些强迫行为是为了处理内心的感受，只是和他相处的人会觉得难受。

但是，当这种人格特质失去了弹性后就会滑向不健康的部分，形成"强迫及相关障碍"。强迫症就是强迫及相关障碍中比较普遍存在的一种，除此之外还有躯体变形障碍、拔毛癖、囤积障碍以及物质或药品滥用导致的强迫行为。

如果一个人的强迫行为到了强迫症的程度，内心会面临非常强烈的冲突，"我不想这么做，但我不得不这么做。"他们会遭受幻想、强迫行为的痛苦，有些患者甚至会选择自杀。

作为一种精神类疾病，强迫症有着严谨的诊断标准，它需要评估多种因素，包括这些强迫性思维和行为给你带来的痛苦程度，以及对你的实际生活造成的影响程度。

强迫症患者通常会：

• 感受到反复的、持续性的、侵入性的和不必要的想法或冲动，大多数会引起显著的焦虑或痛苦。

• 有大量重复的、无意义的行为（例如：洗手、排序、核对）

或精神活动（例如：祈祷、计数、反复默诵）。

● 这些想法或行为是耗时的（例如，每天消耗 1 小时及以上，持续超过两周），导致社交、职业受到影响或其他重要损害。

所以，如果只是有一些轻微的强迫行为，千万别再给自己随便扣上强迫症的帽子了。

强迫行为是天生的，也可能是环境造就的

看到这里想必大家会好奇，为什么一个人好端端的会出现强迫行为呢？是天生的吗？

其实它的形成原因非常复杂，下列这些因素可能与强迫行为的出现有一定的关系：

1. 严苛的教养方式。

父母采用弹性的、没有情感理解的教养方式，将人和行为混作一团，比如孩子做错了一件事，就被父母当作一个糟糕的人进行惩罚。可能会使儿童对自己承诺过高的期待，追求完美主义，如果自己没有达到目标，会体验到强烈的羞耻感，从而更容易形成强迫人格。

2. 孩子生长在一个完全相反的、非常混乱的环境中，也会促使强迫行为的出现。

比如孩子生活在一个父亲家暴、母亲酗酒的混乱家庭中，他幼小的心灵无法处理这样复杂恐惧的状况，就容易发展出一些强迫性思维和行为。

他会忍不住思考大量无意义的细节，以此将自己的情感隔离开，来压抑感受，抵消恐惧和愤怒。除此之外，他还容易变得极度"理智化"，把自己的感受贬低成幼稚、脆弱、失控、杂乱和肮脏的情绪，觉得脆弱是不能表达的。这些都是为了在无助的环境中获得控制感和安全感，用来保护自己。

3. 遗传和生理性因素会加剧强迫人格演化为强迫症。

根据相关研究显示，病人罹患强迫症后，后代强迫症发生率大概是没有强迫症疾病史人群的 2 倍；如果上一辈亲属的强迫症为儿童期或者青春期起病，那发生率则会增加 10 倍。

电影《飞行家》的开始，就是霍华德患有强迫症的母亲边一字一字地教小霍华德拼写"Quarantine"这个单词，一边用那块香皂给小霍华德洗澡。霍华德的强迫性计数仪式也是母亲教会的。

如果我有强迫行为，应该怎么做？

虽然我们谈论了很多关于强迫症的严重之处，但是也不用太担心。事实上，我们每个人多多少少都会有一些强迫性行为，有些强迫行为还挺可爱挺有趣的。只要你的行为并没有给自己造成严重的困扰，也不对其他人产生影响，就属于健康谱系中。

但如果你想调整自己的一些强迫性想法和行为，可以试试下面这些建议：

1. 首先，要允许自己犯错，允许自己做个普通人。

学会区分人和行为，人人都会犯错误，做错事并不意味着你就是个糟糕的人。尽管改变这一想法可能是困难的，但是不妨先试试在指责自己时放下这种执念。

2. 要锻炼自己容忍焦虑的能力。

你可能并没有像强迫性计数这样明确的缓解焦虑仪式，但会反复地确认一些东西，比如出门后不停地回想是否锁门。先等一等，不要着急去做什么，试着忍耐一下。焦虑在到达峰值后很快就会平静下来。

3. 多体验和享受自己的情感。

尤其是愤怒的情绪，很多时候那不是指向别人的，而是指向你给自己设立的过高的目标和束缚。

4. 最后，假如自己的症状已经严重到影响生活，一定要去寻求专业的治疗和帮助。

强迫症属于精神类疾病，存在一定的自杀风险。而且不经专业治疗，成年人强迫症的缓解率是比较低的（40年再评估的缓解率是20%），儿童或者青春期患病的个体可能会导致终生的强迫症。

总之，在尽可能的情况下，不要一个人默默挣扎。

希望每一位强迫者都能得到应有的理解和尊重。

进食障碍：深度理解"好好吃饭"

吃，是人生的第一奥义。

从基本层面来看，进食是为了维持生命；往大了说，吃是人生的快乐体验。然而，在这个充斥着焦虑的时代。"好好吃饭"对很多人来说，成了个难事。在一个充斥着身材焦虑的社会里，很多人小心翼翼地控制着饮食。有些人，则将情绪与吃联系在了一起，变成了情绪性进食，有些人甚至产生了"进食障碍"。因此，重新审视"吃饭"这件小事，深度理解"好好吃饭"这件大事，成了我们的一门必修课。

什么是进食障碍

进食障碍的特点主要为：不正常的进食行为，以及对体重和身材的过度担心。主要的类型包括神经性厌食症、神经性贪食症与暴食症。

神经性厌食症患者会对自己进食的食物有严格的限制，导致体重短时间内剧烈下降。他们一般都非常瘦弱，虽然体重已经偏低，但他们依然会对自己的体重和身材感到不满意，并出现严重的焦虑和抑郁情绪。

患有神经性贪食症的病人存在着暴饮暴食以及清除两种行为。

暴饮暴食指的是病人会在短时间内进食大量的食物，但是为了控制体重他们又会做一些清除行为，比如催吐、绝食、过度运动或者使用泻药。他们一般会隐藏自己的这些行为，体重有可能忽高忽低，有些人的体重是正常的，也有些人偏重或者偏轻。

暴食症的主要特征是反复发作的暴食。暴食期间，患者进食速度快，吃得多，并且通常伴随着对进食的失控。它与神经性贪食症的暴食症状相同，但不同的地方在于，患者并未有代偿行为。

我们可以简单地把神经性厌食症理解为不吃东西，神经性贪食症是暴食后又催吐，暴食症则是吃太多的东西。这些进食障碍的共同特点是患者都存在严重的心理障碍和痛苦，一般还伴随着焦虑、抑郁、强迫等症状，以及身体上的并发症，很容易引起内脏器官的衰竭，严重影响身体健康。上述几种进食障碍，尤其是神经性厌食症和神经症贪食症都可能致死。一项对神经性厌食症的长期追踪研究发现，大概 20% 的患者会死亡，超过 5% 的患者会在 10 年之内死亡。所以进食障碍是非常危险的，不能简单地当作一种生活方式。

从 20 世纪中叶开始，研究人员已经将进食障碍纳入了正式的研究轨道。到了七八十年代，随着进食障碍患者的大量出现，这个问题进入了大众视野，并延伸出各类研究与治疗手法。

进食障碍常见于青少年和成年初期的人，女性的发病率高于男性。但是研究发现，任何年龄、性别、种族、社会经济背景的人，以及不同体型、体重和身材的人，都可能患上进食障碍。男性、儿童和老年人也可能是进食障碍患者，而非只是女性、肥胖或瘦弱的人才会患病，这一点是我们都需要认识到的。

导致进食障碍的原因是什么

1. 情绪性进食。

我们吃东西有时不仅仅为了填饱肚子摄入营养，还有可能是为了自我安慰、缓解压力和表达愤怒。是的，情绪性进食指的就是这种通过吃东西来满足情感需要的行为。但是，心病还需心药医，情感上的空虚寂寞冷也无法简单地用几桶薯片解决问题。搞不好还会威胁到我们的身心健康。

很多研究发现，紊乱的进食行为通常与不科学的情绪调节策略有关。例如暴食症患者通常在体验到极端情绪之后会通过过度地摄入食物达到暂时性的情绪舒缓。厌食症患者也面临无法表达自身情绪的问题，因此希望通过过度节食来表达自己内心的愤怒和不安。因此负性情绪的郁结，与负性情绪得不到及时有效的调节，常常是引发进食障碍的原因。

2. 扭曲的身体意象。

身体意象指的是对自己身体的美学认知，例如，自己的体形是否符合大众审美，自己的身材是否对异性有足够的吸引力等等。人们在青春期达到身体发育的第二个高潮，第二性征也开始凸显。无论是男生还是女生都开始格外关注自己身体的发育，在头脑中逐渐形成对自己体态的认知与评价。这种评价通常受到同伴和家人的影响，主流价值观对某一性别人群的体形推崇，也会对这种自我评价产生重要影响。

随着主流文化和社会舆论对于"骨感美"的推崇，无论男性还是女性都开始逐渐内化这种理想化的体形特征，并以此为参考标准评价自己。由于很多进食障碍患者（尤其是厌食症和贪食症）过度内化这种评价标准，对自身体态产生了不满意的情绪从而使身体意象发生了扭曲。

研究表明，厌食症和贪食症患者感知到的体形是实际的两倍，这种扭曲的认识进一步加重他们对体形的不满意，带来了节食或是引吐行为的恶性循环。

3. 创伤性事件。

心理学中的创伤指的是带给内心极度痛苦的事件，一些重大的身体伤害、灾难性的事件或是关系上的冲突都有可能成为创伤性事件，如地震、海啸、战争、亲人离世、性侵、身体虐待、欺凌等等。

不同的人在面对创伤性事件带来的心理冲突时会采取不同的方式，当然，进食障碍也是人们在应对创伤性事件时的一种非适应性方式。

研究发现，童年时期的性侵害、情感虐待、身体虐待以及同伴忽视都可能成为引发进食障碍的原因，有的患者在年龄较小时发病，也有患者可能在成年期表现得较为明显。对于贪食症患者来说，暴饮暴食通常是一种应对痛苦情绪的自我保护机制。

有时，进食障碍也经常伴随着创伤后应激障碍发生。经历过创伤性事件后常常会出现当时情景的闪回现象，使人产生极度的痛苦与无助感。大量摄入食物其实是在逃离对痛苦情绪的体验，焦虑得到缓解，以得到一份暂时的快感。

除此之外，很多经历过身体侵害尤其是性侵害的人，都会对身体产生羞耻感与愤怒感，在这种羞耻感的推动下，毁坏身体的欲望油然而生，伴随着节食、引吐、暴饮暴食，都是在对那个充满厌恶感的身体进行变相的毁灭。因此，由于性虐待产生的进食障碍也会伴随着自我伤害行为。

4. 家庭环境因素。

在诸多进食障碍的成因中，家庭因素也起着非常重要的作用。

很多研究着眼于家庭情感界限与进食障碍的关系。在家长过度介入和卷入的家庭中，孩子有更大的可能性发生进食障碍。过分亲密的亲子关系模糊了成人与孩子的界限，当孩子寻求个体意识找到自我认同时，会发现很难摆脱家庭的依赖，因此通过控制自己的饮食来树立自我的独立意识，并向父母的约束发起挑战。

还有研究发现，进食障碍有时会与家庭的过分保护、完美主义、严格要求、关注成功有关。具体来讲，当父母对孩子抱以不切实际的过高期待时，孩子便想要通过自身努力满足父母的期待。然而当他们无法满足这些要求时，通常选择更容易控制的方面以达到所谓的成功，如保持身材的完美，符合大众的审美标准等等，于是节食和减重行为就这样发生了。

另外，家庭中的一些病理性行为也会引发进食障碍，如酒精依赖和物质成瘾。婚姻冲突、家庭暴力和离婚也会出现在进食障碍患者家庭中。贪食症患者通过摄入食物来排解家庭不和谐所带来的负性情绪，以及家庭冲突产生的创伤性体验。

5. 其他因素。

节食行为：人们在节食减肥过程中，体形的变化受到外界环境的正向强化，会更容易加重节食的程度，导致体重可能大幅度降低，对食物逐渐失去兴趣。

（1）自我意识：进食障碍有时伴随着低自尊，自我贬低和社会拒绝。在消极自我意识的推动下，人们想要通过对身体的伤害来表达愤怒，或者达到自暴自弃破罐破摔的效果。当生活中充满无助感时，也会通过控制饮食来获得掌控感。

（2）人格因素：高度完美主义和自我批评的人更容易患进食障碍。他们更容易对自己的身材进行挑剔，并对自己体形上的不完美容忍度较低，无法接纳个人缺陷，因此更容易采取极端的节食或是引吐行为来维持身材。

（3）其他心理障碍：患有抑郁症、焦虑症、强迫症的患者更容易患有进食障碍，人们通过进食来排解焦虑感，抑郁症患者缺乏食欲更容易发生节食行为。强迫症的强迫行为中也包括强迫性进食。

如何治疗进食障碍

进食障碍的治疗一般包括躯体辅助治疗、心理治疗和精神药物治疗三个方面。具体的治疗计划要根据每位患者的病情来制订。

1. 躯体辅助治疗。

躯体辅助治疗主要是帮助患者改善营养不良及并发症，尤其是神经性厌食症的患者，他们常常处于严重的营养不良状态，所以一开始需要制订具体的饮食计划，帮助患者摄入足够的营养，恢复健康的身体状态。严重的患者甚至需要进行强制治疗，通过静脉输入营养液或者通过插入鼻管的方式进行鼻饲。

开始补充营养的这个时期往往是很危险的，因为在长时间未进食后突然进食，很容易造成人体内电解质紊乱，所以这样的治疗必须在正规医疗机构进行。治疗并发症包括应对由于严重营养不良导致的贫血、感染、水肿、肝功能异常、甲状腺功能低下等问题。

2. 心理治疗。

心理学上对于进食障碍的一种解释是个体想要重新获得对自己的控制感的表现，但是他们试图获得控制感的行为往往会对身体造成严重的损害，这些重获控制感的努力又导致了新的失控。心理治疗主要是帮助患者认识到疾病和不当的应对行为带给自己的影响，然后帮助其改变不正常的进食习惯、制订新的进食计划，以及从心理层面解决导致患者出现进食障碍的认知、情绪情感或家庭等方面的问题。

3. 精神药物治疗。

患有进食障碍的人往往也伴随着不同程度的焦虑、抑郁等情绪问题，所以通过精神科的药物帮助患者稳定情绪、改善精神状态，也是很有帮助的。

在正规专业的治疗以及家庭支持下，进食障碍有可能被良好控制。这一过程并不简单，越早发现并治疗，康复的希望就越大。有研究表明，进食障碍的察觉和治疗时间早晚与治疗效果是呈正相关的。如果你怀疑身边的家人朋友存在进食障碍的征兆，那么立即带他们去医院进行诊断和治疗是非常重要的。

"好好吃饭"特别篇：告别"情绪性进食"

"一言不合就开吃"，是当代年轻人解决问题的重要方式。"没有什么是一杯奶茶解决不了的，如果有，那就两杯"。繁重的工作总让人忍不住"多吃一点"。然而，单纯用"吃"去解决问题，只能陷入"心情不好就想吃，吃完心情更不好"的死循环，而在这种循环之下，工作压力和焦虑情绪没有得到解决，体重倒是急转直上。

什么是情绪性进食

心理学家范·斯特里恩（Van Strien）将上述症状定义为：情绪性进食，顾名思义，就是说在心情不好的时候没有节制地吃东西。在这种情况下，食物被当成了一种弥补情感需求的工具，而不再是解决生理饥饿的粮食。

虽然我们常常用"吃点好吃的"来安慰别人和自己。

但如果"吃点好吃的"真的成了情绪的救命稻草，它可能会对我们的身心健康造成比"胖了七斤"更严重的伤害。

"借吃消愁，愁更愁"——情绪性进食的负面影响

吃东西对缓解负面情绪有帮助吗？答案是肯定的。

脑神经科学研究表明，面对压力时，大脑的"交感神经系统"被激活，我们会全身心进入一种"战斗模式"：瞳孔散大、心跳加快，新陈代谢亢进、肌肉工作能力增大。而"吃东西"的刺激，则会激活大脑的另一种"副交感神经系统"，把我们的"战斗模式"强行切换到"修养模式"。于是，我们的主观感受放松了，实现了"借吃消愁"的目标。

然而，借吃消愁一时爽，却不能够一直爽。情绪性进食的刺激无法维持很久，并且会给我们的身体和心理带来一定的负面后果：

第一、自我评价降低。研究表明，面对压力时，皮质醇激素上升会让我们更渴望高热量的食物。因此，高糖、高油脂、高卡路里的食物往往是我们情绪性进食的首选。

于是，肥胖、营养不良等健康问题接踵而至，心理上的失控感也随之而来。这种失控感会降低我们的自尊水平和自我评价。如果你有过情绪性进食的经历，不难体会到，当我们把食物当作对抗情绪的工具，我们甚至不知道自己吃的什么、好不好吃，只是在重复做着"吞咽"的动作。

第二、不健康的恶性循环。不可否认，"吃"是一种最容易执行的、成本最低的解压方式。

然而，当"吃东西"成了我们主要的情绪应对机制，我们就陷入了一种不健康的恶性循环：负面情绪 ⟶ 吃的冲动 ⟶ 吃了超出需要的食物 ⟶ 负面情绪。

一旦进入这样的循环，我们就被卷入了"越来越胖、越胖越丧"的旋涡，不再有心力去解决真正需要解决的情绪问题。

"我饿了"——究竟是身体饿了,还是情绪饿了

要从情绪化进食的循环中挣脱出来,首先需要明确一个问题:当我们感到饥饿时,这究竟是生理饥饿,还是情绪饥饿?

这里有一些标准可以帮助大家区分:

情绪饥饿 VS 生理饥饿

情绪饥饿	生理饥饿
情绪上的饥饿是突然出现的,它会在一瞬间击中你	生理上的饥饿是逐渐出现的,不会让你不知所措
情绪饥饿需要立即得到满足	生理饥饿可以等待(除非你很长时间没吃东西)
情绪饥饿需要特定的安慰食物,垃圾食品或含糖零食	生理饥饿有很多选择,包括蔬菜等健康食物
情绪饥饿常导致盲目进食,吃饱并不会让你得到满足	生理饥饿只要当你的胃吃饱了,你就会感到满足
情绪饥饿会引发内疚、无力感和羞耻感	生理饥饿不会让你对自我感觉不好

综合来看,生理饥饿下的"吃"是一种对自己的犒劳,而情绪饥饿下的"吃",更像是一种对自己的折磨。

我们必须清楚,食物能够填满我们的胃,却似乎没办法填满心理上的缺失和不安全感。

如何告别程序化的"情绪进食"

情绪性进食的原因其实比较复杂，它就像一个安装在我们身体里的程序，不知道什么时候就被启动了。因此，这个程序的"卸载"也需要更系统的操作。

心理咨询中的辩证行为疗法（DBT）是一种广泛应用的治疗进食障碍的方法，基于这个背景，给大家提供一些可操作的具体方法：

1. 察觉问题，给自己一个承诺。

任何一种行为出现，它对我们就不会"只有弊而无一利"。相比于"我不能再吃了"这种口头约束，察觉并理解"做出改变"对我们有什么样的好处和坏处，能让我们更清晰地看到未来的结果。

列一张关于情绪性进食的利弊分析表，我们就能意识到：我们是否真的愿意做出改变情绪性进食的承诺？经过理性审视的承诺，才更有可能成功。

2. 正念饮食，开始"好好吃饭"。

正念饮食，简单来讲，就是专注于我们所吃的食物，在内心重建我们与食物之间的关系。

情绪性进食的时候，我们很少关注身体在告诉我们什么，而正念饮食，就是把我们从情绪中拉来，有意识地感受到我们在吃什么、吃多少、吃得饱不饱。

3. TIPP 技巧，熄灭暴食的冲动。

上面我们说道，情绪性进食给我们的安慰作用，主要来自于它刺激了我们的副交感神经系统。

而 TIPP 技巧，同样能够在我们负面情绪快到极限的时候，提供"江湖救急"：

（1）降低体温（Temperature）。

把脸浸入冷水中（不低于 50 度），屏住呼吸，试着保持 30 到 60 秒；或者在眼睛和脸颊周围敷上冰袋。

（2）高强度运动（Intense exercise）。

通过进行高强度的有氧运动，让我们的身体以一种降低紧张情绪的方式活跃起来，理想情况下，尝试锻炼 20 分钟或更长时间。

（3）有节奏地呼吸（Paced breathing）。

试着把呼吸放慢到每分钟 5 到 6 次，这意味着我们的吸气和呼气一起需要 10 到 12 秒。

（4）渐进式肌肉放松（Paired muscle relaxation）。

吸气时绷紧肌肉 5 至 6 秒，然后呼气时放松，注意紧张感和放松感之间的区别。当我们放松肌肉时，对自己说"放松。"

TIPP 属于耐受技巧的一种，它并不能消除我们的负面情绪，但它能够以更"健康"的方式激活"副交感神经系统"，防止你因为情绪而冲动地大吃特吃。

总之，偶尔的食物治愈并无大碍，但长期用"吃"解决情绪问题，则会像滚雪球一样引发更巨大的生活困扰。

每一口食物都值得好好享受，每一种情绪都值得认真对待。别让它们混在一起，掩盖了彼此真实的模样。

请不要这样别离：关于自杀的事实与态度

古今中外，通过自杀的方式了结生命的名人比比皆是，但是人们的评价却各不相同。战国时期著名的诗人、政治家屈原，因为受谗言被逐，怀石投汨罗江；西楚霸王项羽，因与刘邦在垓下交战失利四面楚歌，无颜再见江东父老而拔剑自绝；香港著名歌星、影星张国荣，因抑郁症等原因于 2003 年 4 月 1 日跳楼自尽；著名的画家梵高在生活潦倒、情感受挫等多种压力下，精神失常，在 1890 年向自己的腹部开了一枪……1939 年，精神分析学创始人弗洛伊德在和病魔斗争了 16 年之后，最终选择在医生的协助下接受安乐死。

自杀是一种复杂的个人行为，有时候甚至是社会行为，并受到社会、文化、政治、经济等各方面因素影响，绝不仅仅是所谓的"脆弱"，也不能简单地认为是心理障碍等一些"疾病"导致的。对于每个个体自杀，都要具体问题具体分析，而对于某一群人的自杀率，则要从公共卫生和社会学层面进行讨论。

关于自杀征兆

如果一个人有以下征兆，你可能要注意对方是否处于自杀危机之中：

- 情绪抑郁，一般会表达现出自我厌恶、绝望的倾向，恼怒和攻击性增加。

- 性格变化。

- 死亡这个主题会在交谈、微信、短信、画画、诗或者其他作品中反复出现。

- 出现自我惩罚的想法或者行动。

- 无法享受到生活中的乐趣。

- 越来越爱冒险。

- 短期内体验过丧失（无论何种形式，比如丧亲、离婚、失业、健康出现问题等）。

- 出现严重的情绪压力。

- 强烈地感到羞耻、愧疚、孤独或者被羞辱。

- 饮食和睡眠行为改变。

- 将自己的东西赠予他人。

- 向家人或者朋友告别。

- 开始"安排后事"。

如何帮助存在自杀风险的人

对于存在自杀念头的人，相比于教育或者劝说，其实他们更需要的是有人"看见并承认他的痛苦"。所以，和一个有自杀念头的人相处，有以下几件事情需要做。

1. 稳定自己。

有自杀的念头与马上实施自杀是不同的，他愿意分享给你说明他有求生的意愿。当你听到时，感觉意外甚至震惊、担心、害怕、慌乱或者内疚、生气等，都是自然且正常的反应。

试试看把注意力放到呼吸上，自然让吐气加长，带动呼吸变缓，也可以让自己喝口水，把注意力聚焦在周围的声音、颜色或物体上，或者握紧、松开拳头几次，让自己安稳下来。

2. 让他感觉到你的理解和关心。

他愿意把自杀的念头分享给你，说明他对你很信任、你对他是重要的，你可以说"我听到了，谢谢你愿意说出来，让我知道""你最近过得挺不容易，才有这样的想法吧""听你这么说我很心疼你，我会陪在你身边"。

你也可以抱抱他，他哭的时候坐在他身边，请他吃顿好吃的，送他喜欢的礼物，告诉他你对他的喜欢或欣赏等等，让他知道你在意、关心他。

3. 直接询问他是否有自杀念头：你是在考虑自杀吗？

不了解危机干预的人常会担心：万一这个人本来没想自杀，结果我问了他，他忽然意识到还可以自杀怎么办？其实不必担心，谈论自杀并不会导致当事人自杀的风险增加，因为对于一个活得很开心的人，他只会觉得你问这个问题是你有毛病（而与有可能挽救一个人的生命相比，被人误认为有病是件多么微不足道的事情）。

而对于有自杀念头的人，当他听到这句话的时候，这就意味着：有人（有可能）看见了他所承受的痛苦。这虽然不足够，但是有了被理解的可能性。

4. 询问他有没有自杀计划。

相对于青少年，成年人冲动自杀的发生率并不高，因为自杀是一件需要体力、智力、周全计划的事情。很多重度抑郁症发作的人没有自杀行动，是因为生病期间体力和能力下降，使得他们无法规划或是实施自杀的行为。所以绝大多数有自杀念头的人，在真的开始有自杀行动前，一定会详细地考虑自杀计划。

当他告诉你他的计划时，最好的应对方式还是认真倾听。因为这个时候，他们看起来是在跟你讲心中的计划，其实在向你表达他们感受到的痛苦是如此之大，他们的绝望是如此之深刻，以至于常人所谓的"应该关心"的事情都黯然失色。而你认真地听，能够试图表达：我听到了你的痛苦，尽管不一定能够感同身受，但是我知道你的痛苦已经让你无法忍受。

5. 不要承诺你会为他保密。

在任何情况下，都请不要答应替他保密，请告诉他你可能会在必要的时候为他联系专业的机构。

"我去意已决，请千万不要告诉其他人，我不想他们担心"。我们在正常状态下，面对一个痛苦的人的求助似乎很难拒绝。但是请一定（不含敌意地）拒绝他，告诉他"我理解你的痛苦，但我很担心你的安全""面对这样的状况我也很紧张，我想我们需要一些专业的帮助""关乎你的生命安全，我会照顾你的隐私，但是我会联系你的家人和专业机构"。你的拒绝不一定足够，但是有可能能够为他敞开一些求助的希望。

6. 寻求专业机构的帮助。

自杀风险程度不同的人要寻找相应的专业机构。对于只是有自杀念头的人（其实很多人都有过自杀的想法），建议寻找专业的心理帮助，可以去医院的抑郁症门诊，也可以求助于心理咨询师。对于有自杀计划的人，请务必联系学校、工作单位、家人24小时看护，同时求助专业的医院或者心理咨询师。对于已经徘徊在自杀边缘（开始实施计划）的人，需要联系其家人（家人是最有可能知道线索的人）、公安局或者医院，请危机干预专家进行干预。日后再进行转诊和心理治疗。同时，大家也可以了解本地的危机干预热线，以备不时之需。

请避免以下常见误区

1. 否定、批判其想法。

浮现出自杀念头的人，往往有很多负面的认知和情绪。身边人出于关心，往往急于纠正这些负面的念头，努力地与他辩论。

"我觉得活着真没什么意思。"

"活着怎么能没有意思呢，这么想就不对！你看……多有意思啊！"

"我心理压力真的很大，快受不了了。"

"你就是想得太多了。你压力还大，那我们这样的活不活了。"

人们的考虑可能是：如果我表现出接纳，会不会导致他的这种状态愈演愈烈？所以急切地全面否定，争取不留一点余地。

然而，这种批判并不会让对方转变想法，只会感受到不被接纳、不被理解，反而陷入更加糟糕的心境，更会在下次想要向人倾诉的时候，不再信任，选择沉默。

有自杀企图的人向身边的人倾诉，其实是一件好事，既是释放，也是一种求救的信号。面对已经万分无奈的对方，我们不需要拼命堵死那些负面的想法，而是需要给予对方一个出口。毕竟，压抑不意味着消失，沉默中更可能爆发。

在对话中，我们要更多地了解对方的想法，并表达包容与接纳。可以重复对方的感受、认可他们的情绪，但不要对负面观点表示赞同。

可以说："嗯，你感到活着很没意思，很痛苦"，但不要说"活着确实没什么意思"。

2. 试图通过强调旁人的付出，令其回心转意。

第二个常见的误区，是当听到"我不想活了"这样的话时，身边的人有时会着急劝说道："你看爸妈养你这么大多不容易啊，你看朋友们最近为你的事情那么操劳……"

这些话的本意可能是"你看，还有那么多人关心你，爱着你"；也可能是出于对有自杀倾向者的不理解，认为选择自杀是一件很不负责任的事，哪怕为了亲人和朋友，也不该这样做。

然而，无论出于什么原因，这都是不合适的。抑郁症的症状之一就是过分的内疚感（DSM-5），当患者听到旁人为自己付出了多少时，可能会加倍地内疚、自责、认为自己活着只会拖累别人。

这时我们应该明白，抑郁症患者不是自己想要得病的，而自杀的念头，也是出于痛苦。这不是一种不负责任的行为，不是他们的错。其次，不要用他人给他们施加压力。如果想要表达身边人的关心和爱，不要强调付出了什么，而要表现出真正的支持、接纳、包容的态度。

3. 避谈自杀。

为了不刺激到对方，人们往往千方百计地避免谈及自杀。

也许对方刚要开口，"我这几天看着窗户，心想如果跳下去……"身旁的家人便立刻紧张地岔开话题，"哎呀想什么呢！快看看我今天给你买了什么！"

当然，这和第一个误区类似——不说出来，不代表没有。你不提及自杀，不代表这个念头就不会在他脑子里出现，没有在酝酿之中。

当有自杀企图的人主动提起这个话题时，这也可能是一种求救信号，在表达自己有多痛苦。最坏的可能性不一定会发生，但我们必须要重视。不必大惊失色，也不应回避。在交流和倾听中了解对方的感受，这对他们来说是一种分享和释放，作为亲友的我们也可以获得更多的信息，甚至在关键时刻拯救生命。

4. 在其突然好转时，放松警惕。

作为一直关心着他的家人或朋友，一直以来也会受到深深的折磨。

然而，如果某一天你看到平日里郁郁寡欢的他突然精神抖擞、情绪激昂了起来，抑或是突然变得轻松而平静，是否有一种如释重负的感觉？但实际上，这可能是一种更加危险的信号。

抑郁症患者突然而异常的情绪高涨，不一定是有所好转，很有可能是躁狂的表现。躁狂发作也是心境障碍的一种。此外，那些突然的轻松、平静，或者其他的"好转"迹象，也有可能是因为，他已经决定了走向死亡。那些"好转"的迹象，也许只是做出了这个重要决定之后的释然。

因此，我们必须给予突然的"好转"足够的重视，可以带对方去精神科进行检查。同时，不能放松警惕，加强预防其自杀的措施。

5. 阻止其就医。

不止一次看到类似的求助：我心情低落很久了，觉得生活毫无意义，一度想要自杀。一种求生的欲望促使着我去医院检查，但是父母不同意。他们说，你就是心情不好，没什么大事。万一被扣上抑郁症的帽子，让别人怎么看你？抑或是：被确诊为抑郁症或抑郁状态，医生开了药甚至建议住院，但是家人觉得没必要吃药住院，他们觉得痛苦到想要自杀的念头都是儿戏，只要自己调整一下就好了。

这种情况并不少见，抑郁症的污名化，如今依旧存在，身边人的误解不仅大大妨碍了抑郁症患者接受正确的治疗，还让他们感到羞耻和自责，甚至加重病情。

因此，作为患者的家人和朋友，要正视抑郁症以及它可能带来的自杀念头，不要讳疾忌医。抑郁症作为一种可以明确诊断并可以治疗的疾病，与其他任何疾病没有本质区别。它并不是出于太脆弱，不应该被责备，也不意味着"不正常"，只是意味着"生病了"。并且，它和生理疾病一样需要引起重视。

Chapter 2　认识原生家庭：弥合自己

有些种子，童年时就埋下了

第三章　家庭中常见的旧伤口

那两个本该最爱我的人

如果我们在潜意识心智的深处，可以将对父母的怨怼清理到某个程度，并且原谅他们曾经让我们遭受的挫折，那么我们将能够与我们自己和睦相处，能够真正地去爱他人。

——梅拉尼·克莱因（Melanie Klein）《爱、罪疚与修复》

父母、原生家庭、依恋关系是我们不断讨论、永远牵绊的话题。

童年留下的创伤，会持续一辈子吗？父母的暴力沟通方式，真的会原封不动地"遗传"给我吗？

在这一章中，我们将聚焦于童年期的"亲子关系""代际创伤""依恋模式"这几个方面，一起讨论解开原生家庭"魔咒"的办法。

情绪暴力：父母常犯的几个沟通错误

"你再这样，妈妈就不喜欢你了。""你要是不好好吃饭，就不让你看电视了。""你听不听话啊！这孩子怎么这样啊。"这些话我们小时候经常听，长大经常讲，并不觉得这有什么问题，可实际上这些言语是带有"暴力"的，常常会引发家长和孩子的痛苦。看完这篇文章，或许你会发现，其实你一直在和孩子进行"暴力沟通"。

无处不在的暴力沟通

暴力沟通无处不在，而我们却常常视而不见。生活中，父母与孩子沟通时有五种常见的暴力模式。

1. 操纵。

人们很会通过示弱引发他人的愧疚感，从而操纵对方，有时家长对孩子也是这样。

父母会说"你这么不听话，爸妈的心都伤透了"，这时父母把自己置于劣势，让孩子觉得是他的行为导致了父母难过，他应该负责。通过情感上操纵，父母回避了自己的责任，也在强迫孩子按照自己的期待生活。

2. 进行比较。

"别人家的孩子"这种可怕的生物，可能在每个人的童年都出现过，"你看看那谁家孩子，你怎么就不行"。美国作家丹·格林伯格（Dan Greenberg）在《让自己过上悲惨生活》（*How to Make Yourself Miserable*）一书中，诙谐地揭示了比较对人们的影响："如果真的想让自己过上悲惨的生活，就去与他人做比较吧。"暴力沟通不只是打骂，还有可能是让孩子一直身处于比较之下的自卑中。

3. 强制。

强制是指对于别人的要求暗含着威胁意味，如果不配合，将可能受到惩罚，这是关系中的强者常用的沟通手段。在亲子关系中，父母便是强者。家长们会有一种使命感、责任感：我是你爸爸（妈妈），我的职责就是管教你。父母常常希望树立起一个威严的形象，有些家长甚至以"孩子很怕我，我一瞪眼他就不敢说话"为荣，因此在言语中总是盛气凌人，将建议以命令的语气发出："回你自己屋去！现在！"

4. 身体暴力。

儿童虐待是典型且明显的暴力。人们可能会觉得虐待这个词过于严重，有点被吓到，但是有些场景可能很普遍。比如，因为孩子不听话，父母照着孩子身上就是一巴掌，孩子嚷嚷着"我要告你虐待儿童"。家长可能觉得又好气又好笑："拍你两下就虐待了？还敢告我了？"家长会解释："我也不想打你，但你做得太过分了！"解释自己是在情急之下没忍住，才打了孩子两下。这都不该是暴力产生的借口。

5. 冷暴力。

儿童情感忽视，即通常所说的冷暴力，是指父母没能给予孩子足够的情感回应。例如，工作累了一天，回家根本不想理睬孩子；生孩子气的时候，不想搭理他、晾着他给他点颜色看看；当孩子道歉的时候，故意拒绝或冷漠对待。这些或有意或无意的忽视都会让孩子觉得父母并不在乎自己，自己的感受是不重要的。一个朋友曾跟我说，"在我的童年回忆中，父母从未在场过"。

为什么暴力沟通没有效果

首先，当我们运用暴力沟通的时候，往往意识不到自己行为的后果，也意识不到我们其实不用通过惩罚孩子来满足自己的需要。这就使得它成了正常的事和习惯。

另外，以上这些暴力沟通模式可能会给孩子造成严重的身心伤害，比如：

- 退缩、自卑、不愿与人交流。
- 自我批判、抑郁焦虑情绪增多。
- 无法形成独立健全的人格、个性和自我被扼杀。
- 影响学业表现、与同学之间的关系。
- 成为暴力沟通模式的传递者。

同时，父母也会因为自己粗暴的态度而产生愧疚，觉得自己不是合格的家长。父母们也许常说"打在你身上，痛在我心里""妈妈每次训完你之后都很后悔的"，但是没有反思的愧疚往往会重蹈覆辙，遇到情绪积攒到临界点时，还是会习惯性地使用暴力沟通。

最后，暴力沟通之所以达不到效果，正是因为它有时候看起来很"有效"。面对命令的语气、严厉的训斥甚至体罚，即便孩子在当下会因恐惧而表现得乖巧，接受批评，也不是心甘情愿的。它不能让孩子真正地成长、认同并爱父母，反而会招来敌意和更多的暴力。

如何正确和孩子沟通

那么有没有一种交流方式，能完全避免以上所有错误呢？答案便是非暴力沟通。非暴力沟通是心理学家马歇尔·卢森堡（Marshall Rosenberg）提出的一种沟通方式，依照这一准则来谈话和倾听，可以避免很多不必要的冲突。它包括四个要素：观察、感受、需要、请求。

1. 观察。

观察意味着单纯阐述观察到的孩子行为，不掺杂任何评判、观点、指责。想要做到客观地观察是很难的。一方面，人们常常将观察与评论混为一谈。"你这孩子真懒"是典型的评判，而真正的观察是"今天你睡到中午 12 点还没有起床"。尝试用观察取代评论，会减少很多对孩子的隐性伤害。另一方面，在描述事实时，我们习惯使用模糊的词汇，例如"你总是不专心听讲"，而真正的观察是"你在上午的数学课上走神了"。总是、每次都、从不……这些表示频率的词语容易让人产生逆反心理，孩子和父母会陷入回忆、找反例的竞争。例如，父母说"你每次都不听我话"，孩子会拼命反驳"我上次就听你的报了数学班啊"。学会客观地观察和表述孩子的行为，是沟通的第一步。

2. 感受。

感受容易和想法混为一谈。当人们说"我觉得"时，往往表达的不是情绪感受，而是认知层面的想法。例如，"我觉得你不乖"是个想法，而感受则是"你大吵大闹，我感到很焦虑"。生活中可以多尝试用"我感到……因为……"的表达方式与孩子沟通，家长只有学会表达自己的感受，才能真的找到自己对孩子生气的根源。

3. 需要。

批评、操纵等暴力沟通的话语背后往往隐含着没有被满足的需要。比如，孩子回家太晚，父母生气地训斥："谁让你跑出去玩儿的！以后放学必须马上回家！"孩子听了通常会辩解或者反驳，但其实父母的需要是"孩子的安全"，然而这种需要并未被直接表达出来，因此孩子感到的只是最外层的愤怒，而不是内含的担心。父母应尝试明确表达自己的需要，这会让孩子感受到你对他的爱，减少彼此之间的矛盾，比如父母可以说，"你这么晚回家，我很生气，因为我很担心你的安全"。

4. 请求。

最后一步是提出具体的请求，而不是命令。对孩子提出要求时，家长通常不说希望他们做什么，而是说不希望他们做什么，并且非常模糊、抽象。比如"下次还敢不敢了"或是"你下次不要再这么晚睡了"。其实家长们可以换一种说法问孩子，比如"能不能告诉我，晚睡对你有什么好处呢"。正确的方法是提出正面的、明确的请求，并且请求越具体，就越容易实现。

以上四点不仅是非暴力沟通的重要原则，也是四个非常具体的、有实际操作性的步骤。非暴力沟通像一种心理学工具，通过一些练习，每个人都可以掌握这种沟通技巧。不论是家长还是孩子，想要改善亲子关系，都可以从尝试非暴力沟通开始。

角色颠倒：承担起父母责任的孩子还好吗

朋友在谈及她与母亲的关系时如此描述："五岁的时候，我就学会了洗衣做饭，打扫房间。妈妈对我期望很大，希望我能代替她完成她年轻时跳芭蕾舞的梦想。"这似乎很像是平时大家所推崇的懂事的孩子、爸妈的贴心小棉袄。"但她就像一个挑剔的、年长的朋友，一味地要我关心她，在意她的感受，满足她的期待，不然她就会表现得很受伤，那会让我感觉自己很不孝顺。但现在回想起来，我觉得她剥夺了我的童年。"

很多人在成长过程中，更多不是被父母照顾，而是反过来被要求去照顾父母。这和所谓的"懂事"是不同的，好像你变成了父母的"父母"，变成了父母化的孩子，这样的关系被称为"亲职化的亲子关系"。

什么是亲职化

亲职化是指父母和孩子的角色发生颠倒，父母放弃了他们身为父母原本应该做的事情，并将这种责任转移到了孩子身上。这种关系中的父母常常是自恋的，他们不允许孩子成长为与自己分离的独立个体，并且期望或潜意识里期望孩子应该对自己的幸福负责，而自己却不想对孩子负责。此时，孩子为了满足父母物理和情感的需求，个人需求被牺牲，放弃了自己对舒适、关注和指导的需求。在这种关系中，孩子被称为"亲职化孩子"。有些父母自身儿时的需求没有得到满足，这份缺失也许使得他们想从孩子身上获得弥补。在这种情况下，一些聪明敏感的孩子就会想："作为这个家的孩子，我要满足父母的需求，这样他们可能就会关注我、喜欢我。"

亲职化关系有哪几种类型

亲职化可以分为以下两种类型。

1. 情感型。

父母会强迫孩子满足自己或者其他兄弟姐妹的情感需求，孩子成了父母的密友。这种类型的亲职化关系是最具破坏性的，因为事实上孩子根本做不到满足父母情感和心理上的需求。这种情况最常发生在母亲和儿子的关系中。由于各种原因，父亲角色在家庭中缺失，母亲的情感需求无法得到满足，她会尝试从儿子身上得到缺失的情感，儿子就好像是代理的丈夫。父母会在无意识中利用无辜的孩子，在情感和心理上虐待孩子。于是，成为"代理配偶"的孩子不得不压抑自己的需求，无法正常发展，缺乏健康的情感联结。

2. 工具型。

在一些家庭里，孩子会代替父母的角色满足家庭的物理及工具性需求，例如完成照看弟弟妹妹、做饭等父母需要做的事情。

也就是我们常说的"小大人"。不过，工具型亲职化的情况与孩子通过家务事和其他任务来学习承担责任是完全不同的，它的问题在于父母剥夺了孩子的童年，强迫他成为一个成年照顾者。"穷人的孩子早当家"直白地说明了在社会经济地位较低的家庭中，孩子被迫工具化的情况。如果父母年龄较轻、酗酒、患有抑郁或其他尚未治疗的身心疾病，使他们不能履行家长的责任，子女也往往相应承担着照顾者的角色。

如何才能知道自己陷入了亲职化关系

孩子往往很难察觉自己是否陷入了亲职化关系，因为这种模式已经延续了很长时间，身在其中，早已经习惯。以下是亲职化孩子在成长过程中很可能会有的经历，来帮助你审视一下自身的亲子关系。

- 孩子作为父母的延伸而存在，例如"你要实现妈妈小时候没有完成的梦想"。
- 难以与父母交流，感觉永远都是孩子在单方面试图和父母沟通，而他们总是对孩子的话题不感兴趣。
- 孩子常常需要优先满足父母的期望，理应体察父母的需求和感受，但是难以指望或很少感受到父母对自己的理解。
- 孩子很害怕犯错或者判断失误，担心这会对父母产生不利的影响。
- 如果父母需要，孩子可能会立刻放下手头的事满足父母的需求，牺牲自己的生活和时间来照顾父母。

如果看完以上几条你觉得描述内容和自己的状况十分相符，那你很可能是一位亲职化的孩子。

亲职化关系对孩子成年后有怎样的影响

1. 情绪敏感。

亲职化关系最持久、最恼人的影响就是孩子成年后情绪会变得非常敏感，容易被别人的情绪感染（一般是负面情绪），把情绪内化到自己心中，沉浸其中难以自拔。例如：时刻关注别人、琢磨他们的感受；别人感到痛苦时，自己也会觉得不舒服；觉得大部分时候需要去获得他人的好感和认同。

2. 容易愤怒。

亲职化的孩子长大后可能会变成非常暴躁的人。他们与父母之间的关系爱恨交加。有时他们不太理解自己的愤怒从何而来，但还是会对他人发火，特别是朋友、伴侣和孩子。他们可能会有爆炸性或者被动性的愤怒，尤其当对方恰好提出了与父母类似的期望。因为一旦直面这个问题，过往的一些难受经历——向父母寻求慰藉却不可得，情感诉求得不到回应——就会再次袭上心头，失望、羞耻、自我批判的感觉会让他们痛苦加倍。

3. 很难建立依恋联结。

亲职化的孩子从小很少依赖父母，长大后会觉得和朋友、配偶或者自己的孩子建立良好的依恋关系是一件非常困难的事情。

他们很难承认自己的确有依赖他人的需要，所以在人际交往中容易让别人产生错觉：我是你的朋友，但感觉你其实并不需要我。长此以往，他们似乎成了人群中的"异类"，并任其形成交往过程中的恶性循环。相应地，他们进入婚姻的时间也可能较晚。

如果父母有亲职化倾向，该怎么办

首先，明白自己不需要做以下事情：

● 不要对自己的情况感到内疚，你曾经只是个孩子，这不是你的错误。

● 不要总是后悔当初"如果我怎么做就好了"，关注当下能够让情况好转的行动。

● 不用对自己偶尔的孩子气感到抱歉，接受自己突发的孩子式的想法、感受和反应。

还有一些事是可以去尝试的：

1. 客观地看待父母。

首先需要认识到，父母和所有人一样，都有做错的时候。客观看待父母并不意味着责备或是背叛，更不是不孝的表现。客观地看到自己与父母之间的角色颠倒问题，也许是改变的第一步。

2. 重新成为孩子。

在生活中找到一些能够让自己再次成为孩子的机会、一些能够成为真正的自己的情境，也许是突然想荡的秋千、莫名想吃的糖、小时候想去却没有去过的游乐场等。也许小时候的你没有选择只能提前成长，但长大后的你，依然有能力在一些情景中重新成为孩子。

3. 寻求专业咨询师的帮助。

在一段安全的咨询关系中，在无条件的积极关注下，与专业的咨询师一起去探索那些被迫压抑的感受，去和你真实的内在小孩对话，慢慢开始了解、关注、重视自己的感受和需要，疗愈过去的创伤。

也许我们很难改变父母，但我们可以改变自己，停止恶性传递，不再让这种不健康的亲子模式有意或无意地发生于你和他人的相处中。虽然我们小时候被剥夺了当孩子的权利，但仍有机会成为好的大人。

童年期情感忽视：重新获得爱和安全感

在小 A 青春期很叛逆的时候，妈妈去看了一位心理咨询师，对方问她，孩子小时候你们抱得、亲得多吗？妈妈回答，很少。后来妈妈告诉小 A，咨询师的话让她很紧张，害怕因为那时的"忽视"，而影响孩子的社交、恋爱、结婚……"其实，哪有什么完美的童年！"咨询师安慰她，"只是有一些人比另一些人的更糟罢了。"

考试终于考了 90 多分，但期待表扬的愿望落空；想和爸妈多待在一起，但爸妈工作繁忙无暇顾及；有了一个弟弟或者妹妹，总觉得爸妈对自己的爱少了一点。很多人在童年可能都经历过这些，但重要的是，这样的童年说不上有多么糟糕。我们并没有遭受虐待、欺凌或者抛弃。相比于那些生活在家暴阴影、家庭破裂等各种环境中的小伙伴，我们无疑是幸运的。

但是，恰恰是那些看似安静、无害、不可见的"忽视"，可能在多年后成为我们难以解开的"症结"。直到我们开始不断地进行自我探索，或者走进心理咨询室，和咨询师一起回溯原生家庭，某些被遮蔽的真相才会慢慢显露出来。

什么是童年期情感忽视

童年期情感忽视，是临床心理学家乔尼丝·韦布（Jonice Webb）

提出的概念。乔尼丝博士将其定义为：一种由于父母没能给予孩子足够的情感回应所造成的情形。

还记得小时候因为和朋友们闹得不愉快，满脸沮丧地回家，但在厨房里忙碌的妈妈却丝毫没有发现你的异样吗？又或者是心爱的宠物狗离去了，你哭得稀里哗啦，但爸爸妈妈却并没有安慰你一句？我也有过类似的经历，尽管我的父母并不是故意的，他们可能太忙碌，可能是真的不知该如何和孩子沟通，但这就是典型的"童年期情感忽视"。

同"原生家庭"紧密相关的那些依恋关系问题、家庭暴力、儿童虐待相比，童年期情感忽视极其隐秘。乔尼丝博士认为它呈现为多种形态，从父母对孩子期望过高，不关注子女的真实心声，到忽视孩子的情感体验，造成他们的低自尊与自卑等。父母是孩子的一面镜子，这不仅仅是指榜样作用，亦是指孩子能从父母那里得到映照和反馈，从而健康成长，面对更多挑战。

而情感被忽视的孩子，就像失去了生活中的镜子，他们发出的所有信号，无论喜怒哀乐，都如同投进了黑洞中，消失无踪，毫无反馈。在一个人最需要去了解、探索这个未知世界的年龄，他们失去了来自父母和外界的积极反馈。那么，他们本应形塑的那些"人格大厦"——关于自我、自信、信任、爱，都会在建造的过程中受损，甚至坍塌。

什么样的父母会对孩子造成情感忽视

天下没有完美的父母，对很多人而言，尽全力照顾孩子是自身的义务与愿望。但有意无意中，身为孩子依旧会遭遇到情感忽视。这可能源于父母自己在成长中缺乏这方面的关怀，也有可能是因为父母本身经历了特殊的教养方式。在研究者看来，具有一些典型特质的父母（包括但不局限于以下情形）更有可能在养育中造成孩子的情感忽视：

1. 自恋型的父母：世界都是围绕着我旋转的——这是拥有自恋型人格特质或自恋型人格障碍的父母的典型特征。在养育孩子的过程中，他们会更关注满足自己而不是孩子的需求。在这种养育环境中成长的孩子，长大后可能无法很好地看清自己的情感需求，无法明确自己的真实需要，甚至总觉得自己的需求是过分的、不合适的。

2. 权威型的父母：权威型父母强制孩子按照自己的规矩办事，而不习惯倾听和关注孩子的感受与需求。最终，孩子长大后，可能会总是反抗权威，或者经常懦弱顺从。

3. 完美主义型的父母：这一类父母认为，孩子可以一直做得很好，甚至做到更好。即使孩子考试拿了全年级第一，也可能会因为某一单科没考到第一而受到责骂。成人后，孩子也很可能变成完美主义者，为自己设置不切实际的期望与目标，时常感到焦虑不安。

4. 放纵型的父母：这一类的父母对孩子多采取自由放任的教养方式，可过度的"不管不顾"，任由孩子"生长"，很可能导致孩子在成年后不懂如何设置边界。

5. 缺失型的父母：对于一些人而言，童年中父母是不在场的，原因包括死亡、离婚、疾病、长期工作而忽视孩子、婚姻名存实亡等。

童年期情感忽视的"症状"体现

很多人最关心的是，因父母和成长环境造成的童年期情感忽视，究竟会在我们身上留下哪些痕迹？下面是一些研究者总结的典型情况。

1. 自我价值与自尊缺陷。一个人的自尊以及自我价值的形成和家庭密切相关。家庭是一个小小的容器，我们在其中成长、观察、反馈，在其中被爱、被赞扬和被指引。当父母因为种种原因没能提供这些养分时，我们的自我价值与自尊就有可能受损。于是，在成长的过程中，我们可能会觉得自卑，得不到支持，很容易被打倒，感到气馁、孤独，丧失归属感。

2. 在处理"情绪"问题上遭遇困境。比如，无法明确自己的感受与需求，无法对外界表达出来。在处理自己的需要时，觉得这是羞耻的，是需要隐藏的。

3. 感觉被剥夺，有一种普遍的缺失感。潜意识里，总觉得自己缺乏某些东西，但又难以名状。我们也有可能觉得生活中缺乏各种东西——爱、乐趣、金钱等，更极端的情况下，还可能是觉得生活空虚无意义。

4. 成瘾行为。因童年情感忽视造成孩子无法缓和、控制自己的行为，因此，一些人会转而从成瘾行为中寻求慰藉，获得控制感，比如食物成瘾、进食障碍等。

如何摆脱童年期情感忽视

经历过童年期情感忽视的人，可能会出现各种各样的情况，比如，它可能会让人丧失"确定性"。这种确定性是指，不管是消极还是积极，你都能用清晰、坚定的声音描述出自己的感受。

确定性对人的成长至关重要。相对于那些因童年期情感忽视造成的消极感受，比如，"我不应该谈论消极的事""我不能占据过多的空间""我没有权利用自己的方式去拥有、去感受某些事物"，确定性需要你做的是打破这些逻辑怪圈与感受的黑洞，意识到自己的真实需求。

我们要如何建立起自己的确定性，慢慢解决童年期情感忽视的问题呢？首先，你需要意识到自己有过这种被忽视的经验，从而造成了现在的一些问题。勇敢地承认它，不要觉得它是某种致命的缺点，它只是一种感受。当你再次经历这些感受的时候，学习去体验它，去为它下"定义"。之后，你需要去定义自己的需要，并一步一步地获得它们。很多遭受童年期情感忽视的人都无法意识到自己真正的需要所在，他们甚至认为自己的需求不值得、不配被满足。我们可以选择自助或者寻求心理咨询的方式越过这个门槛，来探索自己的情绪和需要，改变已有的种种认知，从而一步步地满足这些需求。最后，要记得对自己友善，照顾好自己，尝试去和更多的人建立关系，不管是朋友，还是心理咨询师，在关系中慢慢地认识自己，疗愈自己。

关于和解：和解不是原谅和接受，而是做出选择

之前听过一句影视行业内的潜规则："谁能抓住中国式父母对孩子的祸害这个痛点，谁就能制造爆款。"

《都挺好》中的苏明玉，让我们看到了"重男轻女"的父母。苏母在家里独揽大权，对家里的关爱和资源精打细算。家里一共四间房，一间卖了供大哥读书，一间卖了供二哥买房，作为家里的"女儿"，苏明玉的房间只有被卖的价值。

他们在一定程度上，生动地还原了苏珊·福沃德（Susan Forward）博士笔下的"有毒的父母"，在他们的操控、言语暴力和过度焦虑之下，孩子们那些灰暗的痛苦根本无处安放。

"看见"是有力量的，看见原生家庭的伤害，是挣脱原生家庭影响的第一步。但可惜的是，几乎所有的影视作品，都将脚步停在了"看见"这一步。下一步是什么？

大和解——不管是什么类型的家庭剧，最终结局似乎只有一个，与自己的父母和解，而且是忽然放下的那种世纪大和解。甚至有一些文章写道："对于被原生家庭影响的我们来说，只有得到家人的关爱，找到回家的路，才有可能继续往前走自己的路。"

当原生家庭的话题一次又一次冲上热搜，我们越来越理解原生家庭累积而成的影响。而在这样的当下，或许我们更需要知道一件事：如果你经历过原生家庭的伤害，不和解也是可以的。你

不必用一己之力，去解决一个家庭的问题。

"和解"的陷阱

影视剧中与父母的"和解"，是有陷阱的。说起来，这些陷阱主要有两种：

1. "原谅的陷阱"。

福沃德博士在她的书中写过一个来访者的例子，这位来访者曾经遭受过母亲几任男朋友的猥亵。成年之后，她有了新的家庭和信仰，在信仰的影响下，她原谅了恶毒的继父们和她冷漠无情的母亲。但事实上，她并没有在这种原谅中得到内心的平静。

直到有一次咨询，她终于唤起了自己的愤怒，责骂父母毁了自己的童年，发泄之后的她，难得地感受到身心的放松，她说了这样一句话："我认为上帝想让我好起来，而不是想让我原谅。"

没有经历过愤怒和憎恨，"原谅"则无所依托。

我们都曾经看到过或者亲身经历过很多"顿悟式"的原谅，还有"感动式"的原谅，因为父母的某一个遭遇，或者某一个感人的故事，就选择了原谅。而这些"原谅"本质上是一种情感的回避。

更有甚者，它是将责任归于本不该负责的人，让那些经历过伤害的孩子，不仅承担了"伤害"的压力，还承担着"必须原谅伤害"的第二重压力。

2. "责怪的陷阱"。

除了原谅的陷阱，与原生家庭的"大和解"，还有一种反向的

"责怪的陷阱"。这种陷阱在我们的日常生活中并不少见，你是否也对父母有过类似的表达：

- 只要你改变了，我才能解脱。
- 要不是因为你当年，我现在怎么会。
- 我绝对不要活成你这个样子。

······

也许有点难理解，但事实上，以上这些感受、想法和观念，都是在"必须和解"的压力下所产生的"责备怪罪"。

《热锅上的家庭》一书中，家庭治疗师奥古斯都·纳皮尔（Augustus. Y. Napier）详细解释了这个词。

"怪罪是一个具有强大威力的过程，家人不但互相谩骂指责，而且轮流推卸自己的责任。母亲确信，只要女儿肯改变，家里就会太平；而女儿对母亲也有同样的想法。"

责备怪罪是家庭缓解系统压力时，一种常见的应对模式。

"只要你改正了，我们就和解了，家庭就幸福了"——虽然表面上我们在指责、在反抗、在控诉，甚至和父母形同陌路，但实质上，父母仍然紧紧控制着我们的感受和行为。

越想要得到和解，就越要与他们斗争；越与他们斗争，就越得不到自己想要的和解。

正如心理咨询师李松蔚所说的："和解是一种压力。问题不是问题，我们对问题的不接纳、对抗，或者执着于解决问题，才构成了真正的问题。"

放弃原谅和斗争，才能拥有"不和解"的自由

在一种崇尚"父慈子孝"的文化环境中，我们自然会因为与父母的疏离而产生羞耻感，也自然对"和解"抱有了很高的期待。而我们与父母的纠缠，实际上也是一种"爱"的文化表现。

那么，所谓的"不和解"，又是什么？

我们讨论的"不和解"，并不是拒绝与父母探索更健康的关系模式，更不是否认原生家庭对我们现在和未来的影响。这种"不和解"，实质上是在大团圆的桎梏下，撕开了一种允许：允许自己承认伤害的存在，同时也允许自己拥有选择的自由。只有先有了这种"不和解"的允许，我们才能够放弃那些为了和解，而强迫自己去执行的原谅与斗争。也才能够找到一些，真正挣脱原生家庭负面影响的可能性。

美国电影《战争游戏》中，有一台计算机被编写了一套程序，这套程序将会启动全球核战争，并且，这套程序一旦被植入，任何努力都无法改变。最后怎么办呢？计算机自己停了下来，说"获胜的唯一办法就是退出游戏"。这种退出，就是一种不和解。

放到我们与原生家庭的关系中来看，这种退出，被医学博士穆雷·鲍温（Murray Bowen）称作"自我分化"。

鲍温的自我分化理论包含两个部分：第一、分离感觉和思想的能力，拥有并识别自己的感受和想法；第二、将自己的情感与他人（父母）的情感区分开来，即把自己从家庭中解放出来、定义自己的过程。

简单来说，自我分化，就是始终站在"我"的立场去思考关系。再直白一点，它可以用这样的三个词语去理解：

- 边界：和父母保持必要的边界，拒绝不合理的要求。
- 责任：不承担父母该承担的责任，同时承担自己作为一个成年人的责任。
- 平衡：停止对抗，允许家庭中的差异存在。

所以，原生家庭之伤有"解"吗

我们经常看到这样的抱怨：

"为什么我会遇到这样的父母？"

"我想要改变，但父母一直在把我往回拽怎么办？"

"怎样才有能力反抗父母对自己人格的塑造？"

……

在和咨询师聊到原生家庭问题的时候，咨询师说了一句非常触动我的话：

"你不用把自己的翅膀折断了，去成就一个家庭的完满。"

换句话说，我们可以接纳这些原生家庭中已经发生的痛苦，它们是我们人生的一部分，但不是必须去解决的"问题"。我们有能力（翅膀）从原生家庭中分化，并把精力更多地放在"自我"的发展上。

下面有一些具体的、可操作的建议，提供给你：

1. 练习非辩护性回应。

我们在情感受到威胁或攻击的时候往往反应最为敏感，举个例子，当我们拒绝了父母的请求，可能第一时间会感到愧疚和抱歉。

　　父母："我们去你那边看你，你居然建议我们去住宾馆，我简直不能相信。"
　　子女："我不是这个意思……但我真的没有办法，我也不想这样的……要不等你们来了，我带你们去其他地方好好玩一趟。"

我们自动化地道歉、证明和解释，而打破这种格局的方法是练习非辩护性回应。

　　父母："我们去你那边看你，你居然建议我们去住宾馆，我简直不能相信。"
　　子女："嗯，确实让你们伤心了。"

你不需要为父母的批评和贬损而自我辩护，更不需要请求他们的谅解，继而承受被拒绝谅解的痛苦。

2. 允许自己愤怒。

愤怒可以帮助你认清自己在关系中愿意接受什么，不愿意接受什么，从而定义自己的边界。不要压抑自己的感受，它们是一些重要的信号，比如你正在被情绪勒索、你的需求正在被忽视等等。只有直面愤怒，才有可能从令我们愤怒的事件中解脱出来。

3. 改变自己的"叙事方式"。

心理学家丹·麦克亚当斯（Dan. P. McAdams）在 1995 年提出，跟性格一样重要的，是我们在描述自己故事时所采取的叙述身份：我们以什么样的方式去解读过去，影响着我们对自己的感知。

研究发现，有意识地换一种方式讲述自己的创伤经历，例如把"我爸从来不让我过自己的生活"变成"我一直在努力摆脱我爸的控制"这种"我能够影响事情发展"的自主性叙事，会更多地提升我们的幸福感。

4. 做出意义解释。

我们无法决定过去发生了什么，但我们能够决定给过去赋予什么样的意义。同样是麦克亚当斯的研究还发现，那些在苦难和逆境中找到"救赎意义"的叙述者，往往拥有更高水平的心理健康和情感成熟度。

谈论原生家庭是重要的。在某种程度上，家庭是我们的底色，只要活在一个家庭当中，我们的一生都需要在"分离"和"牵挂"中寻求平衡。

但谈论原生家庭同样是不重要的。因为对于被原生家庭影响的我们来说，并不是只能活在企图改变父母的无谓努力中，也并不是要容忍持续的恶劣影响和伤害。

"和解"或者"不和解"，这都不是结局，而你永远可以继续向前，走自己的路。

第四章　修复和弥合

长大之后的故事

有句话说，当一个男人意识到自己的父亲是对的时候，通常他已经有了一个认为他错了的儿子。

走出童年期后，曾经的孩子成了大人、成了父母，认知变了，立场也变了，我们遇到了新的人生命题：

生孩子，我真的准备好了吗？

我们该如何与孩子相处、与父母相处？

如果做不好，让孩子重蹈我所受创伤的"覆辙"怎么办？

老一辈的"育儿经"，真的可以拿来就用吗？

在这一章中，我们聚焦于家庭中的催婚催育、亲子关系、共同养育等话题，一起探讨代际沟通、亲代养育中的难题。

成为母亲，你需要做哪些准备

一次跟朋友聊天，越发感觉女人生育孩子真是一个有点魔幻的事情。朋友圈里有不少已有孩子的女性，她们中的大多数都换了孩子（5岁以下）的照片当头像，并起了个类似"欣欣妈妈""阳阳妈妈"的微信名。"很多女人啊，一旦有了孩子，她的身份就彻底变成了'妈'，再也找不到她自己了。"朋友如是说。

也许，不是所有女性都适合做母亲，也不是所有女性都应当做母亲。

当妈这件事，不是所有人都适合

在这里，我们并不是想给母亲这个身份加上一些条条框框作为限制条件。只是说，成为一名准妈妈，你可能需要做一些准备。很多人都是在没做好准备的情况下做了母亲，这也往往是很多教育、家庭问题的根源。

先来看一组美国的数据：在美国，有一半的怀孕都是非计划内的。抚养两个孩子到18岁，几乎每天要花上8个小时。将一个孩子抚养到18岁，需要花费约22万美元（折合人民币约150万）。

当然，这些数据未必符合中国国情，但我们都知道，在中国抚养孩子的经济压力又何尝不大，更别提孩子充沛的情感需要了。

总有人说，"生下宝宝后你就会自然而然地爱他，保护他"，但这种无私、理想化的爱，真的那么容易实现吗？

不是所有成年女性、在所有时间点都适合当妈妈。当你满足以下这些条件，也许才意味着你在客观条件上"准备好"成为妈妈了：

1. 压力水平较低。

一项于 2017 年 10 月 8 日发表的研究发现，压力会影响家长的育儿方式。尤其是当压力水平很高、极大地占据着头脑，甚至影响正常生活的时候。如果在工作、生活长期高压的情况生下孩子，父母可能会表现出更少的温暖，对孩子更低的回应、互动水平还有更少的爱，也更有可能以严厉的纪律要求孩子，并且有可能使用"控制策略"让孩子服从。

相比之下，压力较小的父母会表现出更积极的育儿行为，如温暖、敏锐、倾听、理解和支持。

2. 拥有一定的时间和精力成本。

社会心理学上有一个假设，人活在一个以自我为中心构建出来的世界里。换句话说，我们每个人的世界都以自己为圆心发散，产生相应的关系网络——家人、朋友等。

当我们个人的生活遇到问题，比如工作危机、人际问题，很容易优先陷入个人焦虑。这时便很难将关注点从自己的困境中转移出来，去处理家庭和孩子的问题。孩子抱怨同桌欺负自己或提出一些天真的问题，都会被当成"微不足道"的小事。

想象一下，当你正面对着裁员问题，孩子做错了事，你是惩罚他还是耐心沟通？孩子拼装模型失败，你是选择亲手直接把模型快速组装起来，还是花更多时间，坐下来和他一起讨论策略、寻找解决方案？

因此，对于一对"做好准备"的父母来说，时间和精力成本是必须考虑的。

3. 在生活中搭建"脚手架"的能力。

搭建"脚手架"，具体来说就是"帮助孩子切合实际地提高"。我们来看个例子就明白了。

有一项研究，把孩子和父母放在一个游戏区，让他们分别参与三个任务。一个是由儿童主导的游戏任务，孩子可以选择和家长一起做什么活动。第二个是由家长主导的游戏任务，比如由家长决定和孩子做什么清洁打扫的任务。最后一项任务是关注的焦点。研究人员观察并分析了父母与孩子一起参与清洁的方式：是父母全程自己打扫，还是命令孩子做完所有事情？更好的情况是，父母与孩子一起参与清理任务，并把这次机会当作与孩子互动、对话、增进感情的平台。

例如，当孩子不会擦桌子的时候。一些父母可能会说："你怎么连这个都不会干？哎呀，你好多地方都没擦到啊，算了算了你放着我来吧。"而另一些父母则会耐心地教孩子怎么打扫："宝贝，你看旁边是不是没擦到？你看像妈妈这样按顺序擦就可以每个地方都擦到了。""哎呀衣服湿了，没事，你想想刚才怎么做就不会湿呢？"后者采用演示或者适当提示的方式，给到了孩子具体有效的支持，也保证了其自主探索的空间。

在上面这个实验中，如果父母能够用交流和开放性的语言，为孩子创造一个安全的犯错环境，指导孩子完成他们原先无法独立完成的任务，就是成功搭建了"脚手架"。搭建"脚手架"的能力，常常被心理学家看作一项评价优秀父母的指标。

4. 拥有良好的感情生活。

有大量关于单亲家庭的研究表明，离异家庭的孩子受到的大部分伤害其实并非来自"离婚"这件事本身，而是离婚前父母无休止的愤怒和争吵。换句话说，如果父母双方和平分手，并合理参与孩子今后的生活，让他感觉到被需要和被爱，这种处理方式远比名义上的"为了孩子好，为了孩子拥有一个完整的家庭"而强行维持一段时常发生争吵的婚姻关系要好。

因此，夫妻双方感情的亲密度，对于决定"是否生孩子"非常重要。

重申一下，上述条件并非说一个女性未满足某个条件就不适合做母亲。毕竟，很多人即使没有受过良好的教育、没有丰富的理论知识，仍然能把子女抚养得非常好。说这一切的本意，只是希望一对夫妻在准备生育孩子之前，先认真思考一下：妻子准备好了吗？我们准备好了吗？

并非所有女性都必须做妈妈

对于许多被催婚催生的女性来说，她们最想和父母强调的是"婚姻和孩子并不是人生的必需品"。许多人觉得，自己和伴侣，如果不能同时意识到养育孩子需要具备哪些条件，或者伴侣无法一起承担养育孩子的责任（不仅仅指经济层面），那就绝对不能孕育一个孩子，因为这是对孩子的不负责任。每当这时，父母总会一笑置之：你还小，还不懂事，等你怎样怎样就不会这么想了。

有些观念，和父母辈沟通确实没那么容易，但至少女性自己需要有足够清晰的认识并有所坚持。让我们再来看两个概念：

1. 自我认知，即我为什么要成为一名母亲。人总要想清楚到底为什么要生孩子，是出于自己的期望、家庭的压力，还是"女性就需要生孩子"的刻板印象？必须承认，如果一名女性做出拒绝生育的选择，会面对很多阻碍，但这并不能成为女性必须生育孩子的理由。

2. 女性物化，顾名思义，就是将女性当作物品对待，忽视女性的主观体验。由于目前仍然只有女性具有孕育能力，所以自然有这样一种观念：你可以生孩子，所以你应该生孩子。再加上伴侣、父母种种出于自身需求的考虑（例如传宗接代、养儿防老、子孙环膝），无论这些需求是否合理，催婚、催生等现象就产生了。

在这个过程中，女性自己的想法又在哪里？

更值得注意的是，在当下这样一种生活语境里，对女性的物化是很容易内化的。很多女性都意识不到，在某种程度上自己其实正在"满足他人拥有一个孩子的愿望"，而并非出于自己的真实意愿、发自内心地想要一个孩子，并且爱这个孩子。

自由支配自己的身体，是每个人本就拥有的权利。在生育孩子这件事上，女性本应拥有更高度的自由。

如何做一个"心理成熟"的爸爸

和朋友一起逛超市，看到一款奶制品的广告词为：父爱配方。

她说：父爱？感觉应该挺难喝，还不咋健康，是怎么回事？——她想到的是在自己整个童年和青春期缺席的父亲，以及母亲对此一肚子的火气。如今她三十多岁了，和爸爸有感情，但总是无法亲近起来。两个人单独在一起，就会尴尬得想立刻逃跑。

长期以来，父亲总是与"低质量育儿"或"偶尔的替代母亲"这些说法联系在一起。

如果说人们对父爱有什么期待的话，用精神分析师李孟潮的说法，叫作"胜利的背影"——父亲被期待成为家中最成功的那个人。他沉默，遥远地爱着孩子，只给家庭留下忙碌的后背，成为一个并不真实存在的符号。

从男性的成长历程来看，养孩子这件事也从未与男性气概挂钩。他们没有一个好父亲或是男性榜样来教他们：足够好的爸爸是什么样的？他们也许爱孩子，但往往只有"硬件"，没有"软件"：有爱，但不知道能做什么。他们可能时不时感到自己不如妈妈擅长育儿，孩子跟自己也不如跟妈妈亲。在被家庭排斥的同时，主动靠边成为可有可无的存在——宁愿下班了躲在停车场，或者每天在厕所度过越来越多的时间，只为逃避家庭的压迫感。

西方研究者用"父亲缺席"一词来描述这种状况。国内叫它

131

"丧偶式育儿"。

意大利精神分析学家鲁格·肇佳（Luigi Zoja）在《父性》一书里说："今天的父亲处于谴责之下，不是因为他做了什么，而是因为他没有做什么；不是因为他说了什么，而是因为他什么也没有说"。

现在有一些爸爸已经认识到父亲对孩子成长的重要性，想要身体力行地阻止代际创伤传递。他们期待参与到孩子的成长中去，且愿意学习如何成为一个足够好的父亲，而不仅仅是"家中的雄性"。

对于什么是"足够好的父亲"，心理学家唐纳德·温尼科特（Donald Winnicott）的观点是：

> 首先，他需要足够在场。他要与妻子有良好的伴侣关系，存在于真实的日常互动中，为孩子提供（除母亲之外的）第二个支持系统；
>
> 其次，他需要存活下来。孩子常将家中男性理想化。作为父亲，他需要熬过孩子对自己"理想化"的破灭，熬过孩子对他的失望、憎恨。不竞争，不报复。与此同时，他能扩张对真实自己的接纳程度，依然对孩子付出"存在"，付出爱。

父亲的足够在场

足够在场的意思是：父亲出现在孩子的生活里，有真实互动。他与妻子有良好关系，并承担部分育儿责任。

1. 好的父亲，首先有亲密的伴侣关系：他爱妻子。

理想情况下，在传统异性恋家庭中，孩子们需要能感到：他们的父母是一种互动的、非创伤性的伙伴关系或育儿联盟。

育儿是全天候的工作。父亲在场参与育儿，对整个家庭最有益的影响在于：两个照顾者，能够形成一个功能更好的家庭系统。它让孩子更好地构建自我与父亲、自我与母亲的关系。正如经典理论所指出的那样：父亲迫使孩子应对母子关系之外的世界，让孩子的心理从"二元支撑"发展为"三元支撑"。

当爸妈感情好，孩子是能感觉到的。如果爸妈羞辱、贬低、殴打对方，他们一定看得一清二楚。当夫妻之间意见不合，孩子也能观察到他们如何处理争执。

孩子从小最能耳濡目染的家庭教育，并不是大人得空传授的几句大道理，而是日常真实可见的生活互动。

2. 父亲的价值，在于他"存在"。

对于爸爸到底能干什么这件事，过往研究认为，父亲的互动倾向于身体接触（摔跤、荡秋千），更多引领孩子走向外部空间；情感上倾向于幽默和刺激，"粗心"爸爸也可以为"焦虑"妈妈提供缓冲。

虽然从女性主义的角度看，这多少有点刻板印象。毕竟爸爸养家糊口的角色早已被消解，如今妈妈也要上班，也承担引导孩子走向真实世界的功能。但对孩子们来说，父亲的存在依然是必要的，因为它意味着一个不同的世界，一个不同的支持系统。

甚至，仅仅存在于孩子身边提供陪伴，也比"总是不存在"

的父亲更好。一些精神分析的研究结果认为，孩子能感觉到父亲的注视。父亲在边上，自己是安全的，无论是语调、动作、气味，都证明他是一个非常熟悉的成年人。遇到问题时，他是潜在的支持者。

即使是无言的注视，都有益于培养孩子的心理成长、提升他们自我反思的能力，以及随后的自我接受能力——所有这些都有助于孩子走向独立，实现个性化自我。

当然我们说的在场，是身心俱在。如果父亲只顾自己玩，他即便在场，也相当于缺席。

研究发现，如果父亲们情感投入充分，他们自身也能获得更大的成长。养孩子可能会让父亲脾气暴躁，但也使他更有爱心、耐心，对他人和自己的感情更加敏感了。刘易斯·查理（Lewis Charlie）发现"与婴儿的接触暴露了男人性格中亲密的一面"，允许他们变得更无私或富有表现力。罗布·帕尔科维茨（Rob Palkovitz）认识到，父亲参与养育，还让这些男性的同理心增加，自我中心主义减少，内心感觉更自由了。

如何使父爱存活下来

1. 熬过孩子对自己理想化的破灭。

许多孩子在小时候，会对家中的男性形象产生"理想化"幻觉，认为父亲超级完美，无所不能。

弗洛伊德也是如此。据《父性》一书记录：

某个星期六，父亲雅可布（Jacob Freud）戴着崭新的皮礼帽在街上散步。拐进一个转角时，被一个高大的男人挡住了去路。

雅可布想要继续向前，却有点胆怯。结果那个男人突然一巴掌把他的帽子打落在烂泥中，傲慢地向他吼道："从人行道上滚下去，你这个犹太人！"

小弗洛伊德听到这儿，急切地问父亲："那你是怎么做的？"

父亲十分平静地回答道："我走下人行道，然后捡起帽子。"——这句回答，就像一根大棒砸落在弗洛伊德的心上。

当孩子进入到青春期时，他们可能会骤然发现：父亲竟然是个平凡的人！他也有各种各样的缺点。

坚持参与育儿的父亲，可能会失去孩子对他的理想化，同时也不得不面对潜在的现实，即孩子的失落是真的，自己也确实没这么好。研究父子关系的心理学家迈克尔·戴蒙德（Michael J. Diamond）写道：

> 许多男人发现很难承认自己作为男人的失败。直到中年，他们一生都认为自己有点英雄气概，这种观念的形成，与他们在工作中的成功、作为家庭成员的能力，或与此前的成就有关。经历了自己儿子的鄙视，他们经常开始质疑自己的雄心壮志和英雄地位。

如果你遇到了这些事，你需要"拿出一点勇气，放弃成为自己脑海中的那个英雄——别做那个人"。

为人父母就是自我发现。不过请注意，自我发现可能是一个残酷的过程。父亲面临的艰巨任务就在这里：你需要熬过孩子的失落，接纳有关自己的真相，与孩子分享真实的你是什么样的，扩张你对男子气概的定义，同时对英雄主义说再见。

2. 熬过孩子对自己的憎恨。

精神分析对孩子青春期"逆反心理"的理解是，这就是独立和成长的代价——孩子试图在现实中取代父母的一部分功能，所以孩子会在无意识中表现出对父母的攻击性行为。

这时，父母最重要的工作是"活下来"，挺过那种"青少年谋杀式成长的攻击性"，并提供一种允许对峙、反抗和冲突的环境，以适当的方式回应他们的感情，不报复，不竞争，依然爱孩子。

温尼科特认为，一个健康的婴儿在发展中，一定会出现"暴力和仇恨"。孩子一般只会喜爱父母中的一方，而厌烦另一方，与此同时学会爱与恨的感情——而不是压抑自己的本能。

作为父母，你必须允许愤怒蔓延，并且不因此威胁或报复孩子。"要抚养一个孩子，使孩子能够发现自己天性中最深层的部分，就必须藐视某个人，甚至有时必须憎恨他，而不存在关系完全破裂的危险……如果父母能够顶住孩子做的一切，事情就会解决"。

如果父亲没有存活下来呢？如果他坚持自己的英雄幻想，发誓要做那个彼得潘，不断把注意力放在家庭之外"似乎可以拯救中年危机"的年轻出轨对象上，而拒绝变成一个"真实且有很多缺陷"的中老年呢？

这对孩子们的影响也是巨大的，当孩子们长大后，他们可能陷入对完美父亲的痛苦渴望中，即詹姆斯·赫尔佐格（James Herzog）所定义的"父爱饥渴"。

温尼科特讲过一个故事：

> 有个女孩在出生之前父亲就过世了。这个女孩，是怀着对父亲的理想化幻想长大的。悲剧的是，她在此基础之上发展出了对异性的看法，把遇到的男性总是想得很完美。
>
> 刚开始恋爱的时候，她总能发现男人最好的一面，但是，她逐渐认识到每个男人也有不完美的一面。每当这种情况发生时，她都会陷入绝望。
>
> 理想化的父亲毁了她的一生。如果父亲在她童年的时候还活着，她该多么幸福！她既能看到父亲理想的样子，又能发现父亲也有缺点；在父亲令她失望的时候，她也能接纳对父亲的憎恨。

为人父母的过程，关乎"自我的投降"

正如戴蒙德所言，做一个好爸爸，需要"对孩子有他者性的欣赏，有对自己进行深思熟虑的能力，在必要时采取行动或选择不采取行动的勇气，以及在整个不断变化的终身过程中，保持参与孩子成长的愿望和意愿"。

成为足够好的父亲，是需要一点信念感的。

祝你永远不要追求成为一名"满分父亲"，但成为一个"还可以"的父亲。

共同养育：离婚后如何给予孩子未来与期待

中国青年报社会调查中心 2016 年的一项问卷调查显示，83.1% 的受访者会因孩子选择放弃离婚。一对有孩子的夫妻在离婚时，外界最大的反对声一般都是：这对孩子的成长很不好。这篇报道发布时，正值《蝙蝠侠大战超人》在影院热映。影片里蝙蝠侠的扮演者本·阿弗莱克（Ben Affleck）是美国著名影星。在这之前，他和同为影星的妻子珍妮弗·加纳（Jennifer Garner）协议离婚，结束了两人近十年的婚姻。在对外的公告里，他们这样写道："经过慎重的思考，我们做出了离婚这一艰难的决定。我们将带着爱和友谊继续前进，并承诺会共同养育我们的孩子。在这个艰难的时期，我们也希望大家能尊重孩子们的隐私。"

如果你关注好莱坞，便会经常看到类似的公告：某明星夫妻协议离婚，并声明会共同担负起养育孩子的责任。不久后，又会有记者拍到已经离婚的他们带着孩子一起度假、逛街、过生日。这并不是简单的明星作秀，其实，在能做到的情况下，如果离异的夫妻能"共同养育"孩子，无疑对孩子的成长是最为有利的。

"共同养育"给那些在婚姻中遭遇困境，但又害怕因离婚对孩子造成伤害的父母们提供了一种可能性。

为什么我们需要"共同养育"

现在，打开电脑，在搜索引擎中输入"单亲教育""共同养育"等关键词，你能看到多达几百万条结果。与之相关的文章、课程、书籍、指南更是比比皆是。

这一现象背后的事实是，中国家庭的离婚率正在持续走高。即使社会主流观点仍认为离婚会对孩子的成长造成不利影响，也有越来越多的成年人开始相信，如果一个家庭只能维持表面的组织形式，而不能带给其中的人以安全感、归属感和幸福感，甚至造成伤害，那么就应该做出其他的选择。

孩子的成长问题也不完全取决于家庭的形式，或父母是否在一起。身为成年人的父母怎么做，这才是关键所在。英属哥伦比亚大学的副教授爱德华·克鲁克（Edward Kruk）专门从事孩童与家庭政策研究，他是共同养育的提倡者之一。"共同养育的核心宗旨就是，以孩子的成长利益为上，搁置你与前任配偶之间的争端和斗争，通过商议协定，共同养育孩子。"克鲁克说。

歌手窦靖童是明星夫妻——王菲和窦唯的孩子。她不羁率性，自由洒脱，一边在网络上晒出和母亲王菲的亲密合影，一边也为生父窦唯的专辑献声。在窦靖童的成长轨迹中，能看到她和父母双方都有着亲情的交流与沟通，父母对她也保持着重视与尊重。

我们无法对窦靖童的成长妄下结论，因为并不知道父母双方教养的具体细节。不过，她让我们看到离异家庭的孩子成长的另一种可能，也引发了很多人对于离异家庭如何养育孩子的探讨。

回到共同养育这个话题。共同养育的好处显而易见，对于未成年的孩子而言，这会让他们意识到自己的重要性，因为父母将他的存在与价值放在成人的争议与冲突之上。

具体的益处更多，比如，共同养育能够带给孩子安全感，让他们感受到父母的爱，从而较快适应父母离婚后的生活。家长的共同养育也会帮助孩子延续之前的规矩、纪律和奖励方式。友好相处的父母更会成为孩子的榜样，孩子会通过父母合作的行为逐渐学会遇到问题应该如何解决。从父母的角度考虑，共同养育能分担双方的经济与时间精力方面的压力，满足双方的心理需求等等。

共同养育的原则

除去一些极端状况——如夫妻双方中有某一方在离婚后不适合养育孩子（如酗酒，家暴，债务问题等），共同养育正在逐渐成为一种主流选择。这是社会理性进步的表现。在美国，有一些机构专门为离婚夫妇推出了"离婚律师＋心理咨询师"的标准服务。离婚律师的责任是帮助双方处理一系列法律、财产、抚养权等问题。心理咨询师（多是婚姻与家庭咨询师）则是协助处理离婚过程中的创伤问题，无论是夫妻双方的还是孩子的，同时也提供离异后的养育咨询。

我们没有这样的标准服务，共同养育也是一个较为宽泛的概念，蕴含着很多的操作细节与方式，比如，父母是否需要协议具体陪伴孩子的时间，在哪些事情上应由谁做主，经济负担如何协调等。但有一些基本原则，依旧值得在共同养育中参考与借鉴。

1. 处理好离婚对孩子造成的创伤这点很重要。当离婚已成既定事实，一定要记得和孩子认真沟通这件事。最重要的是向孩子传达一个信息：你没有被爸爸妈妈抛弃，爸爸妈妈永远都在。同时，提前做好离婚后的抚养计划。在与孩子沟通时，向他们详细说明这些计划，给孩子提供安全感。如果在离婚后孩子依然表现出某些创伤后应激障碍，记得及时寻求专业机构或人士的帮助。

2. 多花时间与孩子在一起。无论是物理空间上的还是精神上的，长时间的相处可以促进与孩子的关系，精神上的相处则是指对孩子生活的方方面面都产生兴趣，并合理地介入、支持。

3. 维护孩子的"支持系统"。社会人生活在各种各样的系统中，离异家庭的孩子在这些系统中会更脆弱（如被同龄人攻击等）。因此父母要在分离的情况下，维护好孩子的家庭支持系统、朋友圈、校园生活等，给予孩子稳定感。

4. 不断地教育自己。孩子在不同成长阶段有不同的需求，教养计划也需要不断调整。因此作为父母需要自我学习，可以是线上教程，或亲子书籍，又或是专门的培训项目，成年人需要不断地汲取知识，以应对孩子的迅速变化。

5. 支持前任配偶在共同教养这件事情中的角色。无论与前任之间有多大的纠葛，请将那些情绪放置一边，回到彼此在共同教养中应负的责任上来。按照此前的协议与规划，担负起自己的责任，同时支持对方的行动。

6. 在孩子面前，与前任配偶保持通畅、透明的沟通，给予对方尊重，杜绝谩骂与攻击。这件事很重要，记住，不要在孩子面前吵架，避免将孩子卷入冲突。任何一次当着孩子面的争吵，都会对孩子造成伤害。

知易行难，就和健身减肥一样，共同养育是一件说起来容易、做起来十分困难的事情。你能在网络和书籍中找到各式各样的指南，但这对离异夫妻而言依旧是巨大的挑战。酷玩乐队的主唱克思斯·马丁（Christopher Martin）和妻子格温妮斯·帕特洛（Gugneth Paltrow）离婚后，也选择采用共同养育的方式来照顾小孩。在一次采访中，他们承认，共同养育是很艰难的一件事。"因为无论你对对方有着怎样的情绪、厌恶、不满或是什么，都不能在孩子们面前表现出来。你得定期带着孩子去见另一个家长，一起吃饭、玩耍。但是，我们私下里也沟通过，无论我们怎么想，孩子都是最重要的，我们承诺过他们，也必须为此负责。"

"大人的事归大人，小孩子依旧需要保有自己的天地"，这是理想的状况，现实生活则残酷得多。婚姻家庭学者康斯坦丝·阿荣斯（Constance Ahrons）在她的专著《离婚家庭》（Divorced Families：Meeting the Challenge of Divorce and Remarriage）中指出，一对有孩子的离婚夫妻，往往会在离异后形成五种关系类型。这其中，仅有前两种关系类型是适合共同教养孩子的，后三种都不适合。两种合适的类型即"完美伙伴"与"可合作同伴"。"完美伙伴"是指双方和平理性地离婚，依旧真心实意地把对方当作朋友。双方有各自的工作，愿意制订一个以孩子的利益为中心的养育方案。"可合作伙伴"是指，双方有分歧，有争斗与不满，但依旧把孩子的利益与共同养育计划放在最优先级。

另外三种情况则糟糕得多，阿荣斯称之为"愤怒的合作者""暴躁的敌人""消融的双方"。这三种状态有着不同的症状，比如无法和前任实现彻底的情感分离，一方憎恨另一方，不停地指责和怪罪对方，对自己应履行的责任没有明确的认知等。在这样的情况下，共同养育孩子会让事情更糟，有时候甚至会变成一种伤害。鉴于后三种情况较为复杂，如何面对又是另一个宏大的话题，在此不做展开。但无论如何，请记住最核心的原则——从孩子的利益出发。

永远不要将失败的婚姻阴影加诸孩子头上，他们并没有承担的责任。我们每个人都有能力和责任从婚姻的失败中走出，并给予孩子未来和期待。

如何培养一个"心理有问题"的孩子

对普通人来说，心理学有时挺吓人的。因为只要愿意，作为父母，你总能找到自己的"不合格"之处。孩子哭了没及时安慰，你是"情感忽视"；立刻安慰，你是"直升机父母"……世界上有许多恶狠狠的概念，等着对新手爸妈张牙舞爪。

说好听点，上代人可能忙于生计，无暇"学习育儿"。但今天的情况似乎到了另一个极端：我的童年如此不幸，所以我一定不会让孩子的童年如此，我要给他很多称赞，给他自由完美的童年。成年后，我想尽可能给他提供无限选择。他想做什么就去做，不喜欢了就换，一定让他活得幸福快乐，不要像我这样辛苦和局限。

十年前，美国社会也出现了类似这样一种育儿风格：

给孩子细致入微的关注，提醒他们是"完美的、特别的"，"你没有不擅长 ×××，你只是擅长用别的方式 ×××""你需要随时随地保持快乐（因为这是我的愿望）"。

《也许你该找个人聊聊》一书作者心理咨询师洛莉·戈特利布（Lori Gottlieb）发现，这些家庭养育出的子女，看上去有无可指摘的童年、家庭和社会地位，但这些年轻人却走进心理咨询室，抱怨自己焦虑、抑郁、没有方向：

"我爸妈……挺好的呀！但不知道为什么，我总是开心不起来。我看似有很多选择，但我每投身于一种选择，都觉得不如想象中完美，总是无法相信自己的决定。"

2011 年，观察到这一现象的洛莉在《大西洋月刊》发表了一篇引起巨大轰动的文章，名为《如何培养一个需要心理治疗的孩子》（*How to Land Your Kid in Therapy*）。并一针见血地指出：痴迷于孩子的"幸福"，可能会让他们走向不幸。

我们这一辈人对无限选择、自尊和幸福的迷恋，可能会养育一代"权力感强、自恋、物质主义、成年后无力面对挑战"的年轻人。这些新父母们不是做得不够，恰好相反：他们总是因"恐惧自己做得太少"而做得太多。他们是"过度养育"的父母。

对幸福的痴迷，不利于发展出孩子的"真实自我"

临床心理学家朱迪思·洛克（Judith Locke）认为，过度养育有两种特点：

第一、过度协助。家长出于好意，过度帮助孩子完成各种任务。然而，这可能会导致孩子难以发展基本技能。虽然孩子可能会因为顺利做完任务得到称赞，但他们的"自我"建立在"他人眼中的虚假自我"之上，同样的因素也可能让孩子陷入心理危机。

第二、超敏回应。父母对孩子的回应"极其灵敏"，对孩子付出的爱、关心、爱护和赞扬的程度"超出真实情况"。

他们相信孩子所说的一切，过分看重孩子的自尊心，告诉孩子他是多么与众不同，多么有才华，以至于孩子们不习惯任何建设性的批评，或者高估自己在人群中的独特性。可是他们感觉到的，不是自己很好，而是自己比别人更好。

洛莉举了两个典型例子：

有孩子的家长会找班主任，请他"不要用红笔批改作业"——因为担心打击孩子的自尊心，或者看到心情不好。洛莉称之为"家长以小孩自尊为借口的自我陶醉"。

学校有一支少年足球队，组织者为了"让每个孩子都觉得自己很优秀"而发明了各种各样的奖项。比如，给表现不佳但有进步的孩子颁布"最佳进步奖"，给没成绩的孩子颁布"全勤奖"……总之，每个人都值得称赞，团队气氛很棒，没有失败者。但实际上"所有孩子心里都清楚谁是最有价值的球员"。

有时，挫折不仅是必要的，它让我们从失败中成长；同时，挫折是真实的，它让我们进一步了解所处社会的规则。父母可能不愿承认，但害羞、沮丧、被排斥……这些对负面情绪的体验，同样属于"成长的权利"。

精神分析学家亚当·菲利普斯（Adam Phillips）说，"苛求快乐"反而会破坏生活。生活中必然有苦有乐，如果我们试图消除痛苦，以快乐来掩盖痛苦或麻痹痛苦，或以转移我们或他人的注意力来忘却痛苦，我们就无法学会接纳及调整它。

"拦住一切挫折"的可能后果是，孩子无法承受对自身的精确反馈。他们的自恋日益膨胀，以至于"完成某项工作后，如果没有得到表扬，就等于受到了批评"。

死于"社会面幸福"

很明显，父母也希望孩子过上幸福的生活。

但当关于"幸福"的对话继续推进，就会发现他们对"什么是幸福"具备一套相当严苛的标准：

- 在工作城市有自己的房子，好像"房子就可以终结漂泊感"。
- 有收入比自己高的结婚对象，逢年过节回家倍儿体面。
- 孩子在公司里是"总监"。不可以是小职员，也不可以是创始人。因为前者太卑微，后者太劳神。至于为什么是总监，可能是拜国产职场剧所赐吧。

这样，不管发生了什么不幸，都可以称之为"社会面幸福"了。

后来我逐渐领悟，"希望孩子一定要幸福"和"希望孩子一定要出人头地"没什么不同，只是父母基于自身愿望的两种不同投射。

家长可能的心理动机是：

1. 把自己和孩子的需要混为一谈。

"我哥哥小时候踢足球摔断了腿，所以你绝不可以从事危险的运动，尤其是踢球"……某种层面上看，过度养育的出发点总是情有可原。

父母因为焦虑或恐惧，试图规避孩子"成长道路上的杂音"，填补自己的情绪黑洞，甚至无视亲子边界，剥夺他们发展完整人格的机会。

然而，真实地生活，意味着孩子也需要体验失控、崩溃、不如意、不完美。我们并不需要杀死负面情绪，只需要学会不让自己被它们所杀死。重要的是，分清你的情绪究竟是来源于当下，还是"过去所诱发的叠加反应"。

2. 用"幻想纽带"应对死亡焦虑。

幻想纽带是心理学者罗伯特·费尔斯通（Robert Firestone）提出的概念，它最初出现是为了应对人际痛苦和分离焦虑。在幻想纽带中，父母通过想象自己与孩子之间的联系，在一定程度上缓解自己对孤独、分离和死亡——也就是对最终的分离的恐惧。

父母会感觉自己与孩子融为一体，珍惜被孩子需要的感觉，比如给成年的孩子洗袜子，每天给孩子打电话。但在现实中，他们甚至可能无法完全融入与孩子的互动中，体会到孩子真正需要什么。

"未经审视的人生不值得过"

菲利帕·佩里（Philippa Perry）在《真希望我父母读过这本书》一书中写道：

不久前，一位怀孕的准妈妈问我，如果给新手父母一个建议，那会是什么？

我告诉她：无论孩子的年纪多大，他都会以行动来提醒你，你在他那个年纪时所经历的情绪。

对于育儿，你真正需要学习的部分，是处理孩子在你身上引发的感觉，学习抛开童年在你身上留下的障碍。它阻碍了你真正的爱，你作为父母本能的温情与接纳，阻碍了身体接触以及对身体存在感的感知与理解。只有抛开这些，你才能享受一些成年人应有的乐趣。

父母需要审视自己的创伤（经历、信念、期望），努力治愈自己，而不是投射到孩子身上。当我们真正看到自己并学会自我同情时，我们就会获得自由。

我愿用存在主义心理治疗大师欧文·亚隆（Irvin Yalom）"最信奉的人生信条"作为本文的结尾：未经审视的人生不值得过。

如果你总觉得：

别让我逮到任何不尊重我小孩的地方，不然你就可以看到我们这些"从小童年不幸的人"反抗起来有多可怕！

嗨，醒醒，那只是步入中年的我们，额头上爆出的迟发青春痘罢了。

如何培养孩子的"心理界限"，建立亲子关系中的"规则感"？
扫码了解"年轻父母必修的25堂心理课"。

亲密关系：和父母的关系会影响成年后的伴侣关系吗

有时我们会吓一跳地发现：我们"遗传"了父母身上那些自己非常不喜欢的特质。有时还会更吓人一点：我最亲密的他，居然和我爸妈一样固执、刻薄、忽视我……甚至他居然说出了我妈或我爸最常说的那句我不爱听的话。

在和伴侣的不良关系中，"父母皆祸害"这话在一定程度上是有道理的。

恋爱时，我们为什么总遇到和父母一样讨厌的人

小时候，父母的某些特质埋下的"阴影"影响着我们的择偶观。那些特质尽管听起来都是缺点，但当再次陷入一模一样、令人不爽的纠缠时，我们却会感觉到熟悉和有爱。你可能已经察觉出了其中的矛盾：在原生家庭里遭遇的冲突、挫败等，会再次在伴侣身上感受到。但这次真的能得到解决吗？实际上，这种矛盾恰使得吸引伴侣的特质变成关系中最恼人的部分，使两人慢慢渐行渐远。

一个不行，再找——找一个依然具有类似特质的对象。一次、两次、三次。我们中的有些人，会反复陷入这种既挣扎、痛苦，又无力摆脱的亲密关系中。这种情况，心理学上称作"强迫性重复"。弗洛伊德认为，强迫重复是一种神经防御机制，它试图通

过"重写"历史，让过去受创伤的历史能够重新拥有个完美大结局。而我们首先要重写的，就是和父母，尤其是（但不完全是）与异性父母一方那种令我们不爽、不安的关系。

很多时候问题确实出在父母一方。他们由于自身的心理问题或局限，没有能力或意愿提供爱、支持、安全感、归属感和纪律等，而这些都是孩子得以健康成长的重要元素。因为疲惫、失望、被忽视，甚至被虐待，孩子的心理被置于风雨飘摇的境地。为了防止自己顾影自怜，他们需要否认自己的处境，否认自己感受到的愤怒、压抑与绝望。同时，孩子们可能还会产生一种幼稚的希望——认为如果自己更好、更完美、更聪明，甚至更安静，父母就会更爱他们，而他们则可以成功逃出这样的磨难。

这种怀揣希望想去改变父母"拯救"关系的心理，本是出于儿童的自我防御。可我们成年后，内心的"孩子"很可能还在积极寻找能够将之前与父母之间令人受挫、不安的关系变得更好的方法，不过现在，对象不仅仅是父母了，而是迁移到伴侣或潜在伴侣的身上，此时，我们与他们的关系就成了儿时与父母关系的某种象征。

内心的"孩子"会试图创造和之前相同的互动。"这次会不同。我会改变这个人，会让他爱我的，我不会失败了。"只是，类似的努力几乎注定是失败的。我们要如何"修好"对方？"治愈"对方？"改变"对方？在一次又一次失败的尝试里，唯一被改变的只有"累觉不爱"的自己。

恋爱时，我们为什么总会变得和父母一样讨厌

《老友记》的一集中，瑞秋（Rachel）抱怨父亲的刻薄，讨厌他的严苛，而等到自己教乔伊（Joey）划船时，她却也一样凶巴巴。直到面对朋友的反应，她才惊讶地发现，自己居然和父亲一样严苛、凶狠。是的，偶尔我们也会反过来，以曾经自己最讨厌的父母的行为方式，来面对自己最亲爱的人。其实，早年和父母的互动塑造了我们的依恋模式，而它在我们亲密关系的建立中起到了重要的作用。

想理解什么是依恋模式，需要先回顾人类的进化历程。想象一下你是一名婴儿，生活在远古时期，身处丛林，身边时刻隐藏着致命危险。这时，如果要想安全活下来，最好的办法是什么？是抱紧爸妈，寸步不离。这样，就会因为有人保护成功活下来，从而获得安全感。也许你之后不再需要父母的保护，但依然会不断寻找这种安全感。于是，为了生存繁衍的需要，人体形成了一套依恋行为系统，来保证我们可以获取到安全感。这套系统深刻地影响着我们的一生。

婴儿往往会形成和父母一样的依恋类型，而婴儿时期的依恋模式和我们之后一生的依恋行为有着很大关联。正是依恋模式的这种"代际遗传性"，造就了我们和父母无法避免的相似性。

更具体来讲，早期和父母塑造的依恋模式，究竟会怎么影响到我们的亲密关系呢？

心理学家玛丽·安斯沃思（Mary Ainsworth）在心理学家约

翰·鲍尔比（John Bowly）的基础上，提出了"内部工作模型"，即个体在依恋模式的影响下，会对自己的行为进行组织或取舍。我们会在自身依恋模式的影响下，预测别人的反应，从而决定自己要怎么做。在亲密关系里，这种内部工作模型会指导你去预测对方的反应。

如果你的父母总能恰到好处地针对你的表现给出合适的反馈，你便更可能形成"安全型依恋"，相信自己是值得被爱的，情感也会得到很好的反馈。你在亲密关系里会更愿意真实地袒露自己的情感，自如地表达自己的感受，也容易及时给伴侣合适的反馈。

如果你的父母很粗暴，他们的沟通方式让你觉得"妈妈不懂我，她无视我的情绪，让我更生气和难过"，你就很可能形成"回避型依恋"，开始压抑、忽略自己内心的感受，渐渐不懂得表达自己的情感。当情绪积攒到一定程度，你也可能会选择用粗暴的方式进行宣泄。

困难的是，长大后，依恋模式已经内化为我们的一部分，我们在意识上很难感觉到它的存在。在它的影响下，我们会主动调动自己的注意力，去注意我们想注意的部分，忽视不想看到的部分，以此来支持我们通过依恋得到的、对他人行为的预期。

这套工作进行得越顺利，我们就会觉得事情的发展越合理，这种合理性又会再次加强这些规则的内化，从而使这套机制在我们的身体里越来越成熟。所以，就在这种不知不觉中，我们成了自己曾经最讨厌的模样。

如何超越父母对我们的影响

看了上面这些，你或许觉得，我们和父母糟糕的关系注定会让我们遇见糟糕的感情。别着急沮丧，其实心理学家也发现了一些和父母在亲密关系里表现完全不同的人，有些并非安全型依恋的父母，成功养育出了安全型依恋的孩子。这提醒我们，其实每个人都有潜能去超越自身的历史。

到底是什么促成了这种超越？研究结果表明，和成长经验一样重要甚至更加重要的，是我们对于体验的姿态，也就是说，我们会如何面对和理解自己早年在亲子关系中的体验。

"觉察的姿态"是一种能帮助我们超越自己和父母的不良关系的姿态。它是指我们能够完全不加评判和预期地沉浸在当下，完全接纳当下的所有体验，同时也能保持高度理性，觉察到每一种体验背后的真实原因。具体到和父母的关系中，这代表着我们在和父母起冲突的时候，可以接纳自身所有真实的情绪，也能够理解为什么有这样的感受产生，由此便不再会被痛苦的关系困扰。

不过，这种觉察的姿态并不容易习得。有时候，看一些心理学工具书可以帮助我们了解情绪背后的原因，从而增强觉察的能力。还有时，冥想能提升我们对于日常生活的觉察，从而帮助我们走出早年的经历。最后，心理咨询的过程就是一个帮人了解自身、理解自身，从而促使深刻觉察产生的最佳场域，如果你在自助中遇到了无法独立解决的困难，可以选择进行心理咨询。

父母对我们的影响，已经是一个引发了很多讨论和情绪的话题，我们都不可避免地会被自己的早期经历塑造，但在成年之后，真正决定我们生活方式的并不完全是早年的经历，而是我们对于这些经历的理解和认识。

即使我们无法避免地被塑造成了一个样子，成年的我们也仍然拥有改变的可能。永远不要放弃学会爱与获得爱的机会，因为每个人都值得被健康、认真地爱着。

Chapter 3　拨开人际关系中的迷雾：陷阱与游戏

离开父母，才发现这世界上还有各种人。

第五章　渴望结群的孤独者

我发现自己是座孤岛

作为一个普通人，我们每天大约要做 70 个决定。当我们离开家庭、走向社会，这些决定往往引导我们铺开不同的人生。

我们可能会在人生的某个阶段，有过被孤立的体验；在回忆过去时，有始终无法笑着说出来的羞辱记忆；在日常生活中，发现自己常常难以拒绝别人不合理的要求；当我们想一个人静静独处，却遭遇了意想不到的社会歧视。

在这一章，我们聚焦孤立、讨好、独处、羞辱体验、替罪羊心理等几个方面，直面平凡生活中每一天正在上演的痛苦、创伤、遗憾，与你一起尝试寻找重建自我的方式。

被孤立者：是原本与众不同，还是后天孤独

你有没有过被孤立的体验？在我上中学的最后一年，班里来了一名转学生。初来乍到的她没什么朋友，而且就像许多身材微胖、成绩普通的女孩一样，班里那些活跃的男孩见到她就故意绕着走，还在背后嘲讽她，说些嫌弃的话。所以，每次我见到她的时候，她都是一个人默默坐在角落里，或是在走廊里低着头慢慢走。几年过去，如今她也有了自己的朋友圈子，但是每当她的朋友因为某些原因没叫上她一起出去玩的时候，她都会特别特别难过，感觉中学时那种被孤立的恐惧又回来了。她对我说："每当这个时候，我就拼命地想是不是我做错了什么，我也是这个圈子的一分子啊，为什么现在不叫我了，是不是她们不喜欢我了……"

我们发现，被孤立可能发生在成长的每一个阶段，可能发生在同学中、朋友中、同事中，甚至是家庭成员中。被孤立的体验那么常见，它造成的痛苦又是那么真实和可怕，所以这一节里，我们想来聊一聊被孤立这件事。

被孤立是我做错了什么吗

在心理学上，孤立他人是一种社会拒绝，指的是将某个人故意排斥在某一社会关系或社会交往之外。由于这么点"故意"的

成分，被孤立的人往往第一反应是自责，觉得是自己不好，才导致了当前的处境。

听了一些被孤立者的故事之后，我们发现，导致一个人被孤立的原因是各种各样的：

● 有些人和小群体里的头儿不合，为了站队头儿，其他群体成员自然会联合排挤不合的人。

● 有些人因为太胖、太矮，甚至脸上青春痘太多，而遭到孤立。

● 有些人喜欢同性，莫名其妙地被周围人都知道了，结果大家都开始躲着他（她）。

● 有些人成绩出色，遭他人嫉妒，被贴上了"不合群""孤傲"的标签。

······

举这么多例子其实是想说，被孤立很多时候并不是你做错了什么，也许只是你的行为方式、说话风格、穿着打扮、价值观念和他人不够一致。这份不同，就成了他人有意或者无意排斥、中伤你的理由。此外，许多人在旗帜鲜明地孤立某个人的时候，其实并不知道自己到底在孤立什么，他们并不知道真相，也不是发自内心地真的想伤害谁。他们只是觉得，大多数人都在做这件事情，而盲目跟从是一种相对安全的方式。一群人去孤立或排挤某个人，通常是试图控制对方，使其按团体或团体中一员的意愿行事。孤立可以被理解为一种惩罚，也就是"你不顺我们的心意，我们就不理你"，或是可以理解为一种非惩罚含义的忽视，也就是"反正你不重要，不理你也是自然而然的事"。

无论怎样理解，是否采取孤立行为，都是孤立他人的这一群人所选择和决定的，而非取决于被孤立的人做了什么。所以，无论是成绩太好或太不好、长得胖、喜欢同性、怼了头儿，还是其他什么原因，首先要告诉自己，被孤立不是你的错。

被孤立的痛苦

加州大学洛杉矶分校的娜奥米·艾森伯格（Naomi Eisenberger）教授、普渡大学的吉卜林·威廉姆斯（Kipling Williams）教授及其研究团队发现，经历社会拒绝的人们被激活的脑区和身体疼痛时被激活的脑区是一样的。这意味着当我们被孤立时，那种痛苦是真切存在的。

"对于我们的大脑而言，心碎的感觉和摔断胳膊没什么分别。"艾森伯格教授说。持续、长期被孤立，不仅会给人们带来身体和情绪上的痛苦，还会造成更加深远的多方面影响。

1. 从那以后，我在社交中更小心翼翼。

人们对于周围人是否接纳自己，其实是很敏感的。研究发现，在我们与陌生人擦肩而过时，如果路人和我们对视，而不是忽略，我们会感到与路人有更强的社会联结。

普渡大学的社会心理学家埃里克·韦塞尔曼（Eric Wesselmann）教授指出，许多有过被孤立经历的人，在新环境中会对与周围人发生关联的机会更加敏感。为了被接纳，他们可能会根据他人的意愿改变自己的行为，把自己变成他人可能喜欢的样子，甚至有求必应，变成一个习惯于讨好的人。而习惯于讨好别人所带来的结果常常是冷落了自己。

2. 从那以后，我不再愿意帮助别人。

还有一些有过被孤立经历的人，会被心中的愤怒和怨恨绑架，从而走向另一个极端。圣地亚哥州立大学的简·特文格（Jean Twenge）教授等人做了七个实验，研究被孤立对于人们利他行为的影响。结果发现，被孤立之后，由于情绪上遭受伤害，人们共情他人的能力受到损伤，导致被孤立者更不愿与他人合作或帮助他人。

3. 孤独成了人生的主色调。

就和我那位同学一样，许多人在被孤立之后，会选择独来独往。如果这发生在小说或电影里，通常事情会绝地反转，比如主人公在长大后碰到一群贴心的小伙伴或是一位热情的恋人，让主人公重新获得联结和归属感。而在真实生活里，常常不是以这样的喜剧收场。

一个被自己所在部门其他同事排挤的姑娘找到我们说，她现在已经放弃融入了，但每次进办公室之前还是会深呼吸好几次，推开门之后看着嬉笑着的同事们假装没看到自己进来，她也只能默默走到座位上开始工作。很多被孤立的人后来都选择了孤独，或者可以说是为了避免受更多伤，而选择了不再尝试。

当然，人生的神奇之处在于，有时候即使眼前门关上了，墙上还能开扇窗，或者凿壁借个光。约翰霍普金斯大学的金沙朗

（Sharon Kim）教授及研究团队发现，对于那些原本就特立独行、觉得自己"与众不同"的人来说，遭遇社会拒绝恰好验证了他们对于自己的看法，从而激发他们的创造力。但对于重视人际、对归属感有强烈需求的人来说，被孤立会为人生带来更多负面影响。

被孤立者的自救锦囊

亚里士多德曾说，"离群索居者，不是野兽便是神灵"。但不得不承认，我们中的大多数既不是野兽，也不是神灵，而是一旦被周围人排除在外就会伤心难过的普通人。如果你正在被他人孤立，或是曾经被孤立的经历让你至今感到受伤，或许可以试试做以下这些事。

1. 告诉自己，我的感受是重要的。

很多人小时候都有这样的经历：同学或老师不理自己，回去和爸妈讲，爸妈却说，"你想多了吧""这孩子也太敏感了"。事实上，被孤立不是敏感，孤立他人也不是儿戏，而是会造成实际伤害的行为。因为被孤立而感到难过、不安、痛苦、愤怒……都是人真实的情绪体验。它们是重要的。

2. 找寻其他的社会联结。

归属感是人的基本需求，而被孤立的过程，也是归属感被直接剥夺的过程，其痛苦可想而知。但遭到一群人的孤立和排挤，并不意味着我们的归属感再也无法得到满足。可以去尝试与其他人、其他团体建立安全、稳定的联结，在新的团体中重获归属感。

这些人可能是你以前的朋友，可能是因某个爱好走到一起的同好，可能是家人，或是心理咨询师，与他们的联结也会成为归属感的来源。

3. 与咨询师建立关系。

被他人孤立，可能会留下较深的心理创伤。即使换了新的环境，也会担心在新的社会关系中再次受伤，担心自己会一不小心做错了什么而损害关系。在这种情况下，与心理咨询师建立起的关系，会给人一种安全和稳定感。你会感受到与咨询师之间的联结，会清楚地知道咨询师会在那个固定时间等着你。他会和你一起探讨那段被孤立的经历对你造成了怎样的影响，用非批判的态度倾听，接纳你的不安，陪你处理好当下的情绪。

讨好者：确立自我边界，比迎合讨好更重要

一位朋友曾说："以前我接触一群新的人的时候，都会忍不住去想，他们会不会喜欢我？怎么才能让他们接纳我？"在我们眼里，这个朋友人超级好，总是努力让身边的人开心，让大家喜欢他。无论你有什么事情请他帮忙，他从来都不会拒绝，甚至经常因为帮别人而耽误自己的事情。后来他坦诚地说，他并不是乐于助人，而是习惯性地讨好别人，曾经的他是一个"讨好者"。

讨好者是什么样的

心理学家苏珊·纽曼（Susan Newman）指出，讨好者活在别人对他们的期待中，不停地追逐着别人对自己的认可，为此愿意去做任何事。他们总是将他人的需要摆在自己之前，即使对方的要求不合理，也会硬着头皮去满足。

讨好者通常会有以下特点：
- 可以敏感地察觉到别人的感受和需要。
- 就算牺牲自己的时间或是感到很疲惫，也要去照顾、帮助别人。
- 无法拒绝别人的请求。
- 不愿或不敢表达自己的负面情绪。

- 害怕自己会给别人添麻烦。
- 随波逐流、从众、不表达自己的想法。

　　每个人都希望被需要、被爱、被接受，也都会时不时地做出一些讨人喜欢的行为，但这并不意味着你就是一个讨好者。讨好者之所以会像上瘾一样不断讨好别人，其行为背后隐藏着一个最大的动机——期望他所讨好的对象，能够给予相应的回报，就是所谓的互惠原则：我对你这么好，你应该也会对我好。

　　讨好者一般不会或不敢直接表达对别人的需求，他们用行动、付出、讨好来暗示别人，期望别人对自己好，给予自己回报。这也是他们内心敏感的表现，他们能敏锐察觉出别人的需求，因此认为别人也都像他们一样，能够察觉到他们的需求，而抱有这样期待的讨好者们注定是要失望的。讨好者也常常不愿表现出自己的负面情绪。因为他们非常在意别人对自己的看法和评价，所以总是试图保持愉快、乐观、善良的正面形象，维持自己的"好人缘"。

　　这些讨好者看上去是最可靠的朋友、最贴心的爱人、最尽责的员工，似乎全世界都对他们很满意，但他们唯独冷落了自己。

为什么我会变成一个讨好者

　　1. 需要别人来肯定自己。

　　讨好者往往是空虚的，他们渴求别人的关注和赞赏来填补内心的空虚。他们的情绪、安全感和自尊都基于别人的认可。讨好者无法认可和欣赏自己，他们只能通过别人的正面评价形成自认为良好的自我概念。

他们只有被别人接受、被需要、被赞赏的时候，才会认为自己是有价值的。

2. 没能充分感受到"无条件的爱"。

很多讨好者的童年都只感受到了"有条件的爱"。只有当他们听话时，父母才会表扬他们。如果他们所做的不合父母的心意，父母便会不满、生气。当他们明显违背父母的要求时，甚至会受到责备和惩罚。

长此以往，为了得到父母的爱，避免被拒绝或抛弃，很多孩子试图变"乖"，而"乖"意味着按照父母的要求行事。他们压抑自己的需求和想法，转而去努力实现父母对他们明确提出的或隐含的期望。

渐渐地，他们就学会了通过迎合别人来获得爱，同时也形成了错误信念：我是不可爱的，我不值得被无条件地关爱。

如何停止讨好

1. 承认并了解自己正在讨好。

意识到自己正处于讨好模式中，是停止讨好的第一步。尝试列出自己曾在什么时候、以什么方式讨好别人，讨好时自己的感受和结果是怎样的。这可以帮助讨好者在以后碰到相似情境时，更快地觉察到自己在讨好。

2. 关注自身，设置边界。

试着察觉自己的需求，而不是他人希望你怎样。如果一开始就问自己"我想要什么"，可能太难回答，不妨从简单的小事开始，尝试去做一件自己一直想做、但又害怕别人不喜欢的事情，比如换个发色，但前提是这件事是你自己真正想做的。当别人提出不合理请求时，讨好者通常感觉不得不答应。但要知道，拒绝是每个人的权利。甚至当你说"不"的时候，也不用费心思找借口，试着陈述自己"不想或不喜欢"那样做。自己的感受比别人的需求和感受更重要，这并不是自私。为了讨好别人而放弃自己的边界，别人并不会因此喜欢和尊重你，所以把自己的感受和需求摆在首位是很重要的。

3. 在安全的环境中进行自我确认。

解决讨好问题的核心是自我确认。自我确认是一个逐渐认识并接受自己的内心体验、想法和情感的过程。讨好者所缺乏的，正是看见真实自我的能力。

再回到本节开头我们提到的那位"好好先生"朋友，他也经历了很长时间的挣扎和转变。后来他告诉我们，现在再遇到一群新的人时，他首先想的是：我会不会喜欢他们？

哪些特质会影响你的"讨好行为"，又该如何改善？扫码回复暗号"讨好"，免费获取"讨好型人格测试"，获得专属于你的建议指南。

独行者：孤独地生活并享受着

先来讲一个故事。故事的主人公叫永里大介，他 39 岁了，英俊，未婚。大介是一名独身主义者，经过多年的努力，他在东京购得了一套大型的独居公寓，禁止外人随意入内。大介崇尚独处与自由，拒绝婚姻。除工作外，他的日常爱好就是健身、骑行、旅游。同事问他，一个人肯定很寂寞孤独吧？大介回答，去健身房做 100 个深蹲，你就什么寂寞的想法都没有了。父亲质疑他的生活方式不够主流，大介回应，一个人生活怎么就不行了！没有给任何人添麻烦，也没有伤害到任何人。

这个故事来自一部日剧《家族的形式》，剧中讲述了两个享受孤独、喜欢独处的都市男女的生活故事。

艺术来源于生活，无论是将独处当作生活常态（如主动选择单身，坚持不婚等），还是在和别人有联结（如交朋友、谈恋爱、结婚）的情况下依旧珍视独处的空间，越来越多的人开始过着或者是向往着永里大介那样的生活。喜欢孤独，享受独处，拥有完全属于自己的空间——这就是独处者的生活方式，也是目标与理念。

喜欢独处的不仅仅是你，还有千千万万人

独处很罕见吗？并不。数据显示，美国有超过 3100 万人

选择独自一个人生活。美国社会心理学家贝拉·德保罗（Bella DePaulo）是现实中的独处者典范。贝拉年过半百，她不仅独身，还长期研究孤独、独处和独身主义。在她看来，选择孤独与独处从来就不是一件羞耻的事情。与想象相反，贝拉并不内向。她喜欢社交，喜欢拜访朋友，喜欢娱乐。但在几十年的生活中，她一直都是一个人，并始终以自己的独处方式为骄傲。"我从不会在独处中感到孤独。我享受一个人的时刻。回想那些令我真正觉得无趣的瞬间，反而是和别人在一起的时刻。"

现代人的一个普遍感触是，人越长大越孤独，而与之伴随的另一个有趣现象是，人似乎越长大也越喜欢独处。为什么呢？也许是因为，我们渴望拥有自己的空间，但空间却越来越小。审视当下，工作与生活开始频繁要求我们在公众场合抛头露面，日益发达的科技开始侵占个人空间，微信、朋友圈开始销蚀工作与生活的界限。在最重要的人际交流上，我们常常发现自己置身于不生不熟的人群中，为了某些目的而进行浅层的交流。旧时的朋友们也都各自忙碌，我们通过电波互相安慰着取暖，有时候也发现随着年龄和经历的改变，可共享的话题越来越少。再后来，可能就会选择独处了。我们开始在自己的空间里"修炼"自己，一个人读书、听音乐，一个人外出旅行、看电影。一个人给自己充电，一个人解决问题。

爱因斯坦曾说过："年轻时，我过着痛苦的独处生活。但当我成熟后，我发现独处是一件非常美好的事情。"的确，同外界所描绘的"孤单寂寞冷"相反，当我们在自己与外部世界之间画了一条明确的分界线，实现独处并享受一个人的孤独时——我们反而觉得，生活变得更好了。

如果你有这样的感觉，别害怕，你并不是少数。2013 年，一项针对美国人饮食习惯的报告表明，在 60% 的情况下，人们选择单独吃早餐，单独吃午餐的概率是 55%。2000 年的一项研究也表明，比起 80 年代，美国的夫妻更少待在一起吃饭了。在日本，许多餐厅开始提供一个人的就餐座位。也许你会说，是现代社会的忙碌节奏让很多人无暇与别人结伴进餐。但是，越来越多的人开始主动重视独处的重要性。即使不是单身，他们也愈发渴望个人的独处空间。在一项针对美国成年人的问卷调查中，85% 的人认为，实现完全的独处是一件重要的事情，这其中又有 55% 的人觉得这是非常重要的。相比之下，仅 9% 的人认为独处不重要。

"人生就该像自己辛苦赚钱买来的公寓，我的城堡我做主，外人禁止随意入内。"这是独处者的人生格言。

为什么选择独处

无论是独处还是独身，"拥有自己的独处空间""选择自己想要的独身方式"正在变成一种潮流，成为值得大声呐喊出来的骄傲选择。而支撑这种骄傲的，不仅是独处者自己的价值观，其背后也有着独处带来的好处。

1988 年，美国著名的精神分析学家安东尼·斯托尔（Anthony Storr）在《孤独：回归自我》一书中写道："很多人都在强调关系，强调联结，是的，这很重要。但很多时候，人类最深刻、最基本的精神体验，都是发生在内部的，需要借助孤独与独处。"的确，人们对于"孤独""一个人""独处"这些事情有着太多的误解。在常识中，独自一人是羞耻的，很多人都会这样想：啊，你好可怜，你孤独一人，没有人陪，你的人生真失败啊。但实际上，这是一种常见的、假性的独处，其本质是寂寞。由于内因或外因的关系，你被群体抛弃，被人群隔离，从而被动或主动地丧失了与别人的联结，成为一座孤岛。

内因的孤独更多是一种寂寞的体验，寻求联结而又不可得的失落感，并为独自一人而感到可耻；而自我选择的孤独更多是一种积极自由的选择，即我在渴望亲密的同时也尊重自己想要独处的愿望。寂寞的孤独让人绝望和无力，而自我选择的孤独在某种程度上能给予个体成长的力量。因为真正的独处是一种积极的体验，是享受一个人的状态，是一种主动选择的孤独。在这种情境下，你可以一个人静静地待着，做自己想做的事情，处理自己的情绪，解决自己的问题。

独处可以带来多种积极内涵。这其中，自由与启迪是独处能带来的最大意义。

自由，这是独处带来的最大意义之一。在这种自由下，你可以从日常的烦琐中抽身而出，寻找内在的平和。你可以做任何想做的事情，而不用顾忌社交规则与礼节。最重要的是，你可以完全放松自己，睡觉、徒步旅行、给自己充充电，再更好地重返现实生活。

启迪：独处是一个自我启迪的过程。你可以在其中进行更多的自我发现与探索，丰富并拓展自己的视野。你还可以从独处中收获一些创造性，进而直接解决手头上的问题。对更多人而言，独处提供的是情绪上的启迪功能。一个人待着的时候，能更好地整理情绪，实现自我觉察与反思。就像我们常常说的"让我一个人静静"。

在强调关系、婚姻、亲密与联结的现代社会文化中，崇尚孤独显得独树一帜。但随着社会进程的发展，它也被越来越多的人所接受。甚至在 30 多年后，美国人詹姆斯·埃弗里尔（James Averill）和吕坤维（Louise Sundararajan）专门编辑了一本学术读物，名为《独处指南》——在美国亚马逊上的售价折合人民币 1000 多元。瞧，独处是一件多么昂贵、有价值的事情！

独自一人的愿望很美好，现实却很残酷

在中国，我们并没有找到太多关于独处的研究数据，但仅以经验来看，独处是一个在小众群体中备受推崇、在媒体上被发声呐喊，但在现实中依旧会受到不友好对待的生活方式。

周末了，一个人出去旅游或看电影，或被赞扬够"文艺"（但"文艺"在这里是一个贬义词，带着些许揶揄），或被说是可怜的单身狗，快找一个人陪着吧。而选择待在家里，又会被形容是不懂生活的宅男宅女。对那些选择独身的人而言，情况会更糟糕一些。社会规范与文化会不停地督促你选择婚姻，进入家庭组织中。

男性久而不婚，会被指责为没有责任感，不懂家庭的美好。女性久而不婚，会招致更恶劣的谩骂与诋毁。对于喜欢独处的人而言，最大的威胁是恐惧。这种恐惧常常混杂着来自他人的嘲讽与评判，以及压力之下产生的自我怀疑与动摇：这样真的好吗？我是不是应该换一种生活方式？

撰写了《独处的艺术》一书的萨拉·梅特兰（Sara Maitland）指出，为了逃避因独处而产生的恐惧，人们一般会做出两种防御行为：第一种行为是诋毁那些崇尚独处的人，视他们为疯子，自私自利；另一种行为则是无限拓展自己的社交渠道，尤其是在当下社交网络泛滥的情况下，希望借这种方式让自己不再孤独。但是，苛刻一点说，那些无法处理独处时与自己的关系的人，也很难在生活中处理好和别人的关系。

很多人格完整、交流起来给人如沐春风之感的人，几乎都能在独处和社交之间切换自如。这类人一般也是更爱独处的，因为他们需要用独处的时间来完善自己。所以，下次再有人攻击你的独处行为时，请保持镇定，不要怀疑。请骄傲地告诉自己，我是一个享受孤独、懂得觉察与自省的独处者，我的生活、生活方式都由我做主。

霸凌受害者：当众被羞辱，这不是你的错

相声演员岳云鹏曾经说过成名之前的一段经历。

15岁那年，他在餐馆当服务员，因为错算了两瓶啤酒的价格，被客人辱骂了三个多小时，之后还被老板当众开除。"我到现在还是恨他。"他在谈到这个痛苦回忆时，甚至难过得落泪，"很多人都说，你现在都这么出名了，你应该不恨他了。没有他，你就不可能有今天，怎样怎样。但我还是恨他，特别恨他。"记者问他："你把这件事写进过相声里吗？"

我们以为小岳岳可以用相声的方式化解这段过往，以为那些让人哭过的事情，终有一天会被笑着说出来，但他说："我不敢想，我不想回忆这段。"对于一个15岁的青年来说，也许这样的羞辱烙在心里再也无法抹去。不是所有痛苦的经历最终都能笑着说出来。

批评和羞辱，不是一回事

我也曾经被当众骂过很多次。记得上小学时，有一次数学老师因为我上课不听讲，在下面自己玩，把我叫到讲台上破口大骂。她越骂越顺口、越骂越激动，唾沫星子都喷到了我的脸上。下面的同学有的偷偷笑，有的冲我翻白眼做鬼脸。他们很高兴看这出

戏，因为老师骂别人的时候，他们至少可以不听课了。而当时我脑子里一片空白，那些骂我的话好像是从很远的地方传来，我什么都听不清楚，但能感觉到浑身像着了火一样烧得疼。那个当下，我想不到是因为自己犯了错才被批评，也反省不了自己的行为，只是觉得自己受到了极大的羞辱，想要立刻逃离现场。

可能每个人或多或少都有当众被批评的体验，或是小时候犯了错，被父母当着一众亲戚打一顿，或是像我一样被老师训斥。再长大点，可能会在工作时被领导骂，让所有同事都知道你工作出了错。总之，当众被骂是一种很不好的体验。

这不是说完全不能批评别人，如果一个人做错了事，适度的批评和惩罚是必要的。但羞辱是另一回事。比如，一个孩子没写作业，老师批评了他，他会觉得很窘迫，老师直接批给他一个不及格，他会觉得沮丧，但是如果老师让他举着作业本、对着墙角罚站，并且让同学们回头看他，这时老师就赋予了其他人嘲笑他的权利。此时他感受到的就是羞辱。羞辱与窘迫的不同在于，窘迫是我们自发感受到的，而羞辱是别人施加给我们的。同时，羞辱也是所有情感中最具伤害性的。它是一种自我被贬低、被击垮的感受，尤其是被自己喜欢、尊敬的人羞辱，造成的后果更加严重。有人说羞辱是一种比死刑更甚的惩罚，因为死刑只是剥夺了一个人的生命，而羞辱是摧毁了一个人的生活、名誉、尊严之后，让他继续活着。这也就是为什么，有些尴尬的事情，日子久了可以用玩笑的口气说出来，但被羞辱的痛苦永远不能平复。

一个女生也许可以大方地说出，某天喝醉了手舞足蹈，当着喜欢的人出了大糗，但她当年鼓起勇气告白，写的情书被男生贴在走廊里引发的讽刺哄笑，却是不敢轻易想起的伤疤。

被当众羞辱的毁灭性体验

为什么有人喜欢羞辱别人？部分羞辱他人者认为，这种方式能够达到教育、激励的目的，觉得给人一个教训，让他知道害臊了，他以后就会更努力、更规矩。那些被羞辱的人也在将这些经历合理化，认为这是生活给自己的磨砺，要"知耻而后勇"，加倍努力改正错误才是洗刷耻辱的唯一方式。但事实上，羞耻感很少能够成为让人产生巨大改变的动力，它带来的更多是伤害。同时，如果一个人真心为别人考虑，想要指出他人的错误，是不会通过羞辱来达成的。在公共场合羞辱别人，往往只是为了自己。当众批评别人，多数情况是为了显示自己的权威和地位，其目的并不是针对被羞辱的人，而是指向在场的其他人。

我的小学班主任，曾把大摞作业本砸在一个男生头上，当时全班同学都吓坏了。班主任这样做，绝对不是因为替这个男生的学业担心，而是想要杀鸡儆猴，给其他同学看，不听话会有怎样的"后果"。羞辱别人的人是在树立自己的威严形象，或者宣泄自己的情绪。然而，当众被羞辱给人们带来的后果往往是羞辱者无法想象的。它会影响我们看待自己的方式，在幼年遭受羞辱容易影响一个人的自尊和自我价值感，还会引发许多情绪问题。羞辱经常与欺凌行为联系起来，因此也容易引发抑郁、焦虑情绪。

对我来说，童年时期那些被师长当众羞辱的瞬间，导致我对"老师"这个身份有很深的阴影。虽然之后也遇到了很多好老师，但是在与他们说话的时候，总有一团浓浓的畏惧隔在中间，害怕自己会不会不小心惹怒他们，怕自己再被骂。而我一个朋友在青春期被喜欢的人羞辱、嘲笑，在之后的恋爱中变得很难信任对 方，患得患失。

另外，有研究发现，羞辱事件往往更容易引发愤怒情绪，这种由羞耻感引发的愤怒被称为"humiliated fury"，也就是通常所说的"恼羞成怒"。这种愤怒有着巨大的破坏性，马加爵事件、辱母杀人案……很多悲剧背后的导火索都是被羞辱之后产生的愤怒。如果不是这种极致的羞辱，事情的走向也许不会如此糟糕。

如何在经历羞辱后重建自我

看起来，羞辱别人的一方掌握着绝对主动权。小岳岳恰巧就碰到了蛮不讲理的客人，告白的女生恰好喜欢上了一个不懂得尊重的男孩，我恰好遇到了一位爱骂人的老师，在这些人面前，我们变得弱小、毫无力量，仿佛把自己交出去任人宰割，受到羞辱之后，只有不断地想"他怎么能这样对我"。

有的人感到愤怒，一辈子迈不过去这道坎，或是通过暴力复仇来回应受到的羞辱。也有些人（无意识地）陷入自责和羞愧，不停地找借口为对方开脱："如果不是他骂我，我也不会成功，我应该谢谢他。"但这些都是无效回应，因为这对于修补已经造成的伤害无济于事。

曾经受到创伤的人，需要找到另外的方式重新认识自己的情绪，试着与情绪对话，慢慢地重建自我。

1. 认知层面：牢记"这不是你的错"。

有时候，羞辱的发生可能非常隐蔽、不易察觉，而当他人不够友善时，我们倾向于责怪自己"做得不够好"。需要明白的是，被羞辱不是你的错，你无须让莫须有的流言蜚语击垮自己的自尊心。

2. 行为层面：向朋友和家人寻求支持。

2013 年，有一项针对被霸凌者的调查发现，25% 的参与者认为向朋友和家人寻求支持是缓解不安和羞耻感的重要方式，当你对现有环境感到无力，可以多跟以前的朋友保持联系，因为他们知道你是怎样的人，也能提醒你值得被更好地对待。

3. 自我对话：尝试和自己的情绪进行对话。

曾经遭受创伤的人，需要找到另外的方式重新认识自己的情绪，试着与情绪对话，找到让自己崩溃和绝望的原因，慢慢地重建自我。

替罪者：如何避免成为替罪羊

辩论综艺节目《奇葩说》曾讨论过一个很有意思的辩题：被冤枉和误会的时候要不要澄清？在这期节目里，辩手黄执中提到了一种"被冤枉的感受"：有个男生在小学的时候，被误认为偷了同桌的笔，几个星期后才发现是被冤枉了。当时，班主任点着他的脑门骂他"小偷""贼"。他百口莫辩，一边哭一边浑身发抖。没有一个人站出来为他说话，十多年后他说起这件事时，依旧很愤怒，他说："我这辈子，最讨厌被人冤枉了。"

莫名其妙就背了口黑锅，这位同学大概就是传说中的"替罪羊"。

"丢黑锅"的四种形式

"丢黑锅"指的是产生负面结果时，个体或群体对另一个体或群体做出不公正的指责甚至惩罚，而事情的真相则被忽视或蓄意掩盖。

"丢黑锅"有以下四种形式：

1. 个体把锅丢给另一个体。

这一形式的丢锅，可能是为了逃避责任，或帮助他人逃避责任。例如，大家组队打游戏，A犯了错，为了不被指责，而说是B手滑；或者A知道是C犯了错，但为了不让C被踢出队，而说是B手滑。丢锅也可能是为了让自己尽快从事件中抽身。还是以组队打游戏为例，游戏输了一局，不知道谁坑了全团，团长质问 A，A 为了免于被质问，便说是 B 来敷衍。

2. 个体把锅丢给某一群体。

指个体认为问题是某一群体造成的，但实际上并不是这样。日常生活中，许多偏见和歧视都属于这类型的丢锅：看到车子停歪了，认为驾驶员一定是女司机；发现东西丢了，就说是外地人拿的，等等。

3. 群体把锅丢给某一个体。

意思是说一群人认为问题是某个人造成的，并孤立对方。例如，在学校里，有人在老师抽屉里放了只青蛙，老师问是哪个同学做的，没人承认的话就集体罚站、罚抄写。这时，全班同学都说是 A 做的，无论真相如何。在这样的情况下，A 就成了集体的"替罪羊"。

4. 群体把锅丢给另一群体。

这指的是一个群体共同经受了某一问题，然后指责是另一个群体造成了这个问题。历史上这样的例子很多见，例如二战时期德国纳粹对于犹太人的迫害。

丢锅有诸多形式，我们的关注点主要聚焦在个人心理层面。因此，接下来会重点讨论个体背锅和丢锅背后的心理学机制。

"背锅"让人受尽委屈

无故被人丢锅，背锅的一方往往会陷入愤怒、悲伤、失望、委屈等负面情绪，在家庭、社交或亲密关系中感到失控、孤独、被抛弃、被欺负、被背叛。情况严重的话，替罪羊们会在很长时间之内，遭受心理创伤的折磨。创伤修复专家莎莉·斯汀（Sharie Stines）博士认为，从某种意义上说，丢锅的人和替罪羊是掌控与被掌控、操纵与被操纵的关系。

所以，替罪羊们也具有一系列"好人"特质，比如：

● 富有同情心。

● 愿意付出甚至自我牺牲。

● 容易原谅他人。

● 独立自主。

● 拥有较多社会资源。

● 倾向于相信事情的发生不受个人意志左右。

● 不太容易分辨出来自他人的操控或虐待。

为什么会有人忍心把锅丢给这些好人呢？人们丢锅的动机究竟是什么？

"丢锅"背后的行为动机

扎卡里·罗斯柴尔德（Zachary Rothschild）等学者提出，丢锅这一行为背后的动机，主要可以从两个方面来解释：保持道德价值感，以及保持个人控制感。

1. 防御投射。

人格心理学家戈登·奥尔波特（Gordon Allport）认为，丢锅是诸多防御投射中的一种。防御投射，指的是我们内心对某种冲动或想法感到恐惧，为了缓解这种恐惧，而认为是其他人有这样的冲动或想法。这一心理过程往往发生在潜意识层面，难以被察觉。在"丢锅"的过程中，个体或群体寻求将自己内心的自卑感、罪责感或自我憎恨投射到另一个体或其他群体身上，认为别人才是不道德的、罪恶的，并通过孤立、排挤或其他方式惩罚替罪羊，来保证自己仍然是道德的。

2. 逃避罪恶感。

也有一些更新的研究指出，当人们意识到自己对某些事情的负面结果负有一定责任，也意识到内心的罪恶感时，将指向他们的指责转嫁到他人或其他群体身上，是人们用来减少罪恶感的一种策略。有趣的是，即使丢锅的人知道，不会有人发现自己做错了事，自己也不必真的付出什么代价，他们依然会选择将锅丢给别人，以逃避良心的谴责。

3. 保持个人掌控感。

人们希望对自己身处的环境有一定的掌控力，这可以说是我们的基本心理需求之一。而当不好的事件发生时，个人的控制感就会受到威胁。更令人不安的是，这些事件的原因往往是未知的，或是出于一些不可控的因素。这个时候，将责任丢到某个替罪羊身上，就可以重塑掌控感。

相比事实真相，替罪羊是一个已知、可控性高、可以被了解的存在。而相比起没人背锅的情况，丢锅给他人之后，我们对于外部环境的感知，就又恢复到事情发生之前那种有序、稳定而可控的"安全状态"。这也解释了，为什么人们即使没有犯错，也喜欢丢锅给他人。

"替罪羊"自救小攻略

如果你莫名其妙地成了替罪羊，在陷入委屈和绝望的时候，一些自救的方法或许可以帮到你。

你可以选择不做这些事：

- 不要自责。别人丢锅给你，不是你的错，并不是你做了什么事导致现在的局面。
- 不要说服自己"这没什么大不了"。受委屈就是受委屈了，自己的感受是重要的。
- 不要继续"丢锅"给下一个人。可能这样做会让你暂时松一口气，但会增加内心的罪恶感。
- 不要做旁观者。如果发现其他人背了锅，而你恰好知道真相，是时候站出来帮个忙了。

同时，你可以选择做这些事：

- 离开丢锅给你的人或群体，避免持续受到伤害。
- 如果遭受到任何暴力或欺凌，寻求专业帮助，或直接报警。
- 相信清者自清，你不必为他人的错误负责任。
- 以坚定的态度声明真相。如果没人在听，说一次就够了，也不必过度为自己辩护。
- 寻找支持。比起想方设法让不相信你的人相信你，与那些原本就相信、支持你的人站在一起更重要。

隐形攻击者：拉黑、摆烂、生闷气，你很可能是在隐形攻击

你也会用这些方式表达愤怒吗？这很可能是隐形攻击。

1. 你经常生闷气。

你很难承认和表达自己"生气了"。当别人问起，你很可能会用"我没生气""我很好"否认自己的情绪，拒绝进一步的沟通。

2. 相比于直接表达不爽，你更喜欢在心里默默扣分。

当你在人际关系中感到被冒犯，相比于直接跟对方表达不爽，你更倾向于在心里默默扣分。

3. 很生气的时候，你会用拉黑、绝交表达愤怒。

当不爽的情绪累积到一定程度，你会用拉黑、绝交这样的方式表达愤怒。因为你的愤怒不曾表达，被拉黑的那一方会感到困惑，不知道你为什么会这么生气。

4. 不会拒绝，但会用拖延、摆烂表达不满。

你不知道怎么拒绝别人的要求，即使内心很抗拒。但你会用另一种方式表达自己的不满，比如：

• 觉得上司分配的工作任务不合理，就把它拖到最后一秒，最后不得不延期；

• 不喜欢父母选的专业但又不敢自己做主，就用厌学表达抗拒。

5. 你很怕正面冲突。

当关系出现分歧，习惯回避冲突，继而用回避的方式表达不满。比如：

- 不回消息，在谈话和聚会中故意忽视对方。
- 害怕激烈的争吵；当冲突发生，你会有强烈的恐惧。

6. 有时，你发现你会"阴阳怪气"。

比如：

- 用讽刺的方式回应别人。
- 有意无意提到一个会让对方不开心的话题。
- 拉出对方的黑历史、翻旧账。

如果你发现自己也经常用这些方式表达愤怒，那你很可能是在"隐形攻击"：借助拖延、回避、故意激怒和暗中报复等表面上温和无害的方式，表达隐藏的愤怒和不满。

隐形攻击很多时候是无意识的，无论是攻击者，还是被攻击者，身处其中都很难觉察到发生了什么，只会觉得莫名的"不舒服"。而这种不易察觉的不舒服，可能在慢慢伤害你的关系。

隐形攻击让关系两败俱伤

我们可以试着先当个观察者，看看当一段关系中出现了隐形攻击，关系双方会经历些什么。

被隐形攻击的一方，往往有苦说不出。那种感觉就像"钝刀子割肉"，感觉没哪里不对，但就是哪哪都不对。

他们可能常常因为对方突然而来的冷漠、回避和拒绝感到莫名其妙，开始怀疑是不是自己做错了。也可能对他们总是拖延、迟到和阳奉阴违的行为满腔怒火，但在明面上又不好指责。抑或是，对阴阳怪气的话语感到不舒服，却又不好反驳。最后只好"回避""警惕""远离"。

而另一边，发出这种攻击的人，也并没有想象中的那么好过。可以说，被攻击的人有多痛苦，他们就有多痛苦。

隐形攻击会让情绪边界变得模糊。当安全界限被人侵犯时，他们无法通过表达愤怒警示对方。所以，在关系中，边界会一再被侵犯，越相处就越受伤。

发表在《心理学前沿》杂志上的一项研究发现，隐形攻击的行为模式会抑制情绪管理能力的发展，让人更容易陷入抑郁，采用过分进食或自我伤害的行为缓解情绪。

不仅如此，隐形攻击还会蚕食信任，催生更多更激烈的矛盾冲突，阻碍学业和职业发展：

- 讨厌某位老师，不认真听他的课。
- 对要求很高的父母不满，故意考砸。
- 不喜欢某位同事或领导，拖延工作直接摆烂。

这样表达愤怒，不仅让沟通变得更不可能，也不能让愤怒真正被安放，还会进一步伤害自己。

为什么你会隐形攻击

隐形攻击其实是一种自我保护的防御机制：在过往的关系体验中，我们因为各种原因无法直接表达愤怒，于是习得了这种被动的攻击。它的产生可能跟这些原因有关：

1. 不允许愤怒的童年。

隐形攻击可能跟原生家庭经历有关。比如父母总对你提出很高的要求，一旦你表现不好，他们就会发脾气，不耐烦。无力正面反抗的你，只能用他们察觉不到的方式去反抗。

临床心理学家斯科特·魏茨勒（Scott Wetzler）博士在多年的临床心理咨询中发现：很多喜欢隐形攻击的男性，往往有一个不在场的父亲。因为在成长过程中唯一的男性榜样给他一种很可怕、无法接近的感觉，他只能认同这样的父亲，成为一个情感疏远的人。

再比如，在童年时体会过非常猛烈的家庭暴力，包括但不限于身体虐待、体罚或语言虐待……每当类似的场景重现，你都会再次体验到童年时的无助和恐惧。

2. 低自尊。

隐形攻击常常跟较低的自我评价相关。对自己的不自信，让你很难说"不"和拒绝别人，也没有勇气为自己的需要和权益发声。你总是觉得自己需要对别人好，不能违背和忤逆对方，这样别人才会喜欢自己，认可自己，你会极度在意别人对自己的看法。但是，由于无法拒绝和坚持自我，你只能选择内化愤怒。但随着时间推移，这些愤怒会积累成怨恨，导致对自己的攻击，引发抑郁或以隐形的方式指向别人。

3. 对失去关系的恐惧。

隐形攻击，还跟对失去关系的恐惧有关。

在决定表达愤怒或隐忍不发之前，你的脑海中会自动冒出各种"对发怒场景的想象"：我可以这么做吗？如果发火了，会有什么样的后果？

不敢表达愤怒的人往往有这样的想法："只要我表达了愤怒，我就会失去这段关系""如果我生气了，对方就会离开我"。出于对失去关系的恐惧，压抑愤怒就成了应对冲突的唯一方法。

如何走出隐形攻击

1. 感觉到生气的时候，不必急于否认。

隐形攻击的人常常体验不到愤怒，因为压抑已经成为一种习惯。如果你也很难接纳自己的愤怒，可以从关注自己的身体反应开始，引导自己去感受愤怒。

感受愤怒带给你身体上的感觉，具体是哪个部位不舒服？具体的感觉是怎样的？试着感受它们，用不评价的态度，允许它们跟你一起待一会儿。

2. 觉察愤怒的源头。

觉察到愤怒之后，问问自己，为什么生气？

在《怒气与攻击》一书中，作者维蕾娜·卡斯特（Verena

Kast）发现，生气通常由以下五种特定的情感所引起：

- 受到伤害，想要报复。
- 想获得掌控感，但无能为力。
- 心灰意冷，想推开别人。
- 不被尊重，想获得认可和关注。
- 表达复杂情感，减少自己的不舒适。

当你找到背后的原因，就可以试着向对方表达自己的感受，比如"我感到被忽视了""我感觉受到了贬低""我很挫败"等。

3. 容许建设性的冲突。

你还可以试着修正自己对冲突的信念：

冲突和矛盾并不一定都是可怕而不可挽回的，也可以是有建设性的。试着在下次面对冲突时，用一种更有建设性的方式解决它：

- 少一些批判和相互指责，把表达的重点放在描述自己的感受上，比如把"你很伤我的心"换成"我现在觉得有点伤心"。
- 避免用一概而论的说法，例如"总是""从来不"。
- 不再假设对方应该知道你的想法和感受，而是直接表达。
- 一起讨论解决方案及其对各自的影响。秉持着双赢或"至少没人输"的准则，选择对双方最有利的方案。然后一起执行并评估结果：这个办法对改善我们的沟通有效吗？万一还有下次，怎么做可以得到更好的结果？

最后，隐形攻击并不全是"坏"的，它是一个人习惯性地保护自己的方式，就算带来了很多问题，也是你当时所能为自己做出的最好选择。但如果你发现，这种防御方式现在让你活得很辛苦，或者让你失去了一些本可以让别人更了解你的机会，或许就是做出改变的时候了。

你会发现，直接地说出"我很生气"，不一定意味着关系的终结，而很有可能是真正沟通和理解的开始。

第六章　社交关系中的陷阱

朋友带给我的那些痛苦

我们发现，来到心理咨询室的人，常常提及友情和与朋友的关系。这些关于友谊的故事，是他们生命中最为重要、深刻或是最痛苦的时刻。

有时人们发现，朋友没完没了地求助，已经逾越了边界；有时我们陷入"非解释不可"的情绪，却发现对方根本没有听下去的兴趣；或者，当朋友向你诉说他的创伤，你却发现自己深深沉浸在痛苦中，无法走出来，仿佛被吞噬。

在本章中，我们聚焦愤怒、心理游戏、同理心耗竭、习惯性撒谎、友谊的消退等几个方面，一起讨论，在与朋友的相处中学会处理愤怒、倾听、解释与讲述的有效方法，以及如何面对友谊的进化、维持和衰退中的种种问题。

愤怒无能：生气也是一种能力

你是一个常常愤怒并表现出来的人吗？我不是。我甚至觉得自己是一个"愤怒无能者"，因为我总认为愤怒是"不得体""不沉稳"的表现。有一句话说：人的一切痛苦，都是源于对自己无能的愤怒。我曾在很长一段时间里把它当作金科玉律——因为我不想当一个无能的人。

直到后来走进咨询室里慢慢探索自己，我才明白，我应该愤怒，为什么不呢？愤怒，从来就不是一件让人羞耻的事情。

有部电影名为《愤怒之上》(*The Upside of Anger*)，或许可以翻译成"愤怒的好处"。主人公特里四十多岁了，用女儿的话说，她"曾是这世界上最和善、温柔、甜美的女人"——是的，"曾是"。在丈夫盖里忽而一夜消失不见之后，她确信自己和四个女儿被抛弃了。于是，这个曾经最温柔的女人内心的愤怒像火山一样爆发。她开始酗酒，乱发脾气，戾气十足。

影片中，愤怒就是一把利刃，戳破了特里看似四平八稳、实则充满空虚和不安全感的生活。想来，特里可能从来就不是那么和善、没脾气的一个人，而是一直在掩盖自己的"阴暗"情绪，直到愤怒的导火索将她陈旧的心理模式和生活方式捅破。尽管影片中的特里并没发生太多成长，但"愤怒的好处"是确实存在的。

在大多数人眼里，愤怒是种从根本上就很消极的情绪，甚至还带着让人羞愧、耻辱的余味。悲伤、焦虑尚且有人凑过来理解、陪伴，给予安慰和同情，但愤怒之下，必然只剩你一人站在怒火之中。

但是，真的一定要如此吗？

压抑愤怒，是一种受伤害的开始

如果我告诉你，婴孩时期，我们的大哭便是一种愤怒的方式，来表达需求未被满足或被剥夺的痛苦。那么，你就会相信，愤怒是一种原始的情绪。只是，随着成长，人们渐渐意识到，在社会文化中，我们需要压制愤怒，因为它太不讨喜——不仅消极，还天生具有攻击性，往往会吓跑身边的所有人，无法获得善意。

初二的时候，班里来了个刚毕业的语文老师。也不记得最初是谁惹了谁，总之，这个班迅速成了她口中全年级纪律最差、最不像话的班级。上课时，她总是将手里的鼠标当成角尺，噼里啪啦摔打在桌上。而同学们也不负所望，纷纷从课桌里掏出 CD 机、小说、漫画，甚至三五成群坐在一起小声聊天。课堂瞬时变成两军交火的战场。不管你信不信，这是所重点中学。

小 A，也和所有那个年纪的孩子一样，甚至可能再稍稍过分一点。他私下给老师起外号，对她的吼叫置若罔闻，在语文课上做任何事，除了听课……

终于，在一次公然与老师的作对之后，小 A 被请到了办公室。当时小 A 怒不可遏，但又隐隐有些担忧。在语文教研组的办公室里，另一位老师走过来，拍拍小A，满是善意地笑着说："听说过你，挺有个性的。"瞬时间，小A所有的不被尊重（当然，年少的小A也对对方报以伤害和不尊重）、被否认、被质疑，都在这位老师的动作、话语和笑容间消散了。后来，初三的时候，她成了小A的语文老师，他们的关系也很不错。

未必人人愿意以这种"叛逆"表达自己的不满，或许也惧怕面对类似的冲突。所以，我们渐渐学会了压抑自己的愤怒：在学校得不到尊重，梦想被嘲笑；转身，面对社会上的不公，对房价、对上司……我们往往只能选择控制自己的情绪。

有时，原本和平的社交关系中，对方忽然越界，边界被侵犯混淆。再如，陌生人或亲人会侵犯、剥夺我们的权利或空间。凡此种种，愤怒的"电光火石"随处皆是。小火苗一旦燃起，被它伤害的"初始"模式，就是压抑愤怒，将其埋在心里。尤其对于像影片《愤怒之上》的女主角特里这般有着诸多"附属身份"的女性而言，发怒似乎意味着粗鲁、自私，更不被接受，因而也更倾向被抑制。

未熄灭的愤怒会转化为两种情绪：自责与自我怀疑，以及焦虑。心理学家卡伦·霍妮（Karen Horney）有一个著名的理论：孩子对于父母的敌意如果受到压抑，这种敌意将会逐渐转化为焦虑，并且蔓延到孩子对整个世界的观感中。也就是说，如果长期压抑自己的敌意，那么这种敌意就会从有明确对象的"愤怒"，转化为失去明确对象的泛化的焦虑。

长期这样控制情绪，可能会愈发丧失觉察与满足自我需要的能力，甚至无法体验、表达愤怒，而这本身已会让人产生无力感。

"合理"面对自己的愤怒

愤怒和焦虑、恐惧的不同之处在于"主动出击"。

根据脑成像的研究，焦虑和恐惧将激活大脑中与"逃避"有关的区域。它意味着当人们感到焦虑或者恐惧的时候，倾向于通过逃避、压抑的方式让自己暂时安定下来。而愤怒则与趋向行为有关，愤怒在无形中给予我们某种勇气，相信自己可以改变结果，使之有所不同，于是会趋向行动、改变，而非逃避。愤怒的情绪带有"命题验证"的色彩，驱使人们去寻求能够证明自己想法的证据。

人们常常觉得，跟一个正在生气的人讲道理，是一个不太明智的选择，因为愤怒让人失去理智，固执己见，自以为是。然而，研究者得出的结论恰恰相反。愤怒状态下的人反而会更多地采集驳斥自己的信息，想法更开放，结果也更有可能改变先前的认识，而非陷在其中。

相比于仅仅感到悲伤，愤怒下的行动倾向有助于让我们搜索和解释新信息，从而激发新的观点。如果运用得好，即使是社会中根深蒂固的冲突，甚至也能以愤怒化解。

在巴以冲突的背景下，曾有研究者请以色列的被试者阅读一份煽动性很强的内容，以此激发他们愤怒的情绪，然后衡量这种情绪会让他们变得更激进还是更缓和。结果是：说不准。更高涨的愤怒使一些人的仇恨加深，但同时会令另一些人的仇恨得到妥协和缓解。

这听起来很奇怪：为什么同样的刺激会驱使人们走向两个不同方向？原因要归结于一个社会心理学概念——基本归因谬误。对方做出惹恼你的行为，究竟因为他这个人就是坏，还是当时情况所导致的呢？如果我们相信令我们愤怒的、不受欢迎的行为来自对方的内在特点，例如人格或是一个组织的道德风气，我们便会以破坏性的、激进的方式行动，而如果认为不满意的结果只是由当时的情境因素造成的，那么人们则会以更缓和、更和平的方式应对。

回到前文提到的小 A 的故事，如果当时语文课战场上的双方都能意识到自己在火上浇油，讲台上的人未必天生气急败坏、爱攻击，讲台下的人也不全然无药可救、目中无人，那么结局想必会大有不同吧。

高情商的人如何对待"愤怒"

我们对高情商有一个误解，认为那些所谓情商高的人大多不喜形于色、善于隐藏自己的愤怒。但心理学家丹·莫夏维（Dan Moshavi）指出，允许自己拥抱愤怒，在适当情况下，将愤怒转化为实现目标的动力，这样的人也许才算真正的高情商。

毫无疑问，"会哭的孩子"能得到更多关注，愤怒的表达甚至可以让对方感受到某种真实。相比那些从不发怒的伙伴，懂得愤怒的人可能会得到更多的尊重，也更受欢迎。

如此说来，高情商者们一定会意识到，如何解读愤怒也是门艺术，这种能力被称作"认知动机"。认知动机高的人，会试图寻找愤怒表达背后的意义，而认知动机低的人则会关注愤怒本身，可能这正是一些人宁愿选择脾气不好的老板的原因：当你以高认知动机对待上司的愤怒时，看到的是引发愤怒的根本原因，例如自己工作上的不足，或是沟通上的失误，进而可以得到进步和提升。

正如亚里士多德所说："每个人都会发怒，这很简单。在恰当的时间，以恰当的动机、恰当的方法，向恰当的人，表达恰当程度的愤怒，并不是每个人都能做到的易事。"

其实，对于愤怒情绪无需感到羞耻。相反，其中对于个人空间、边界、正义的知觉，恰恰是人性中自尊与道德的生动证明。很多时候，愤怒只是我们的一种逃避方法，以逃避其他更深刻、更脆弱的感情，例如悲伤、羞耻。当愤怒被有意识地处理、审视的时候，可以将我们指向那些真正的问题，告诉我们，自己究竟在意什么，甚至自己真实的模样究竟是什么样。

所以，事情很简单：要么观察、了解你的愤怒，要么受制于它。

电影《愤怒之上》中，特里的女儿这样讲道："我现在知道，愤怒和憎恶让你在原有轨迹上停下来。它并不需要什么燃料，仅是把空气和生活吞噬、浸没……但它是真实的。它会改变你、塑造你，把你打造成不同于原本的样子。"

是的，愤怒有这种力量，但控制它驶向哪里的方向盘在你手上。

强迫解释：当解释无用，倾听也许更有效

你是否有过这样的经历，跟一个人解释某个问题，你明明已经讲得完美无瑕、细致入微，但对方偏偏就听不明白。"我压根不是这个意思，他怎么能那么想？"

你是否也有这样的经历，发生一件事情后，你明明很清楚问题出在哪，但责任人偏偏要拼命跟你解释。你越是说"不用解释了，我不想听"，对方越着急，"你听我解释，不是你想象的那样"。

美国小说家戴维·福斯特·华莱士（David Foster Wallace）曾造出一个词——"Ambiguphobia"（非解释不可），刚好用来形容上述两个场景中出现的情况。

这是沟通中的常见现象：一方越不想听，另一方越容易出现"非解释不可"的冲动。事实证明，这种解释多数情况下是无效的，甚至导致结果进一步恶化。一个很重要的原因就在于，当我们在解释时，并没有意识到自己为何解释。

当"非解释不可"的情况发生时，解释者往往会拼命努力告诉他们"我到底是怎么想的""真实的情况是什么"，以及苦思冥想"我要怎么讲他们才能够明白"。此时解释者往往没有意识到，自己真正关注的，也许已经不再是解释的内容。

拼命解释的人，到底想得到什么

罗纳德·阿德勒（Ronald Adler）和拉塞尔·普罗科特（Russell Proctor）在《沟通的艺术》一书中提到，沟通分为"内容向度"和"关系向度"两方面。当我们带着"非解释不可"的心情拼命解释，我们在乎的便不再是"我到底说了什么内容"，而是"我说的这段话将会如何影响这段关系"。

比如，下面这五种关系问题，就是触发"非解释不可"的常见心理动机：

1. 特别希望别人喜欢自己。

我们刚刚开始和一个人接触时，特别希望对方可以喜欢上自己，但与此同时又担心不被对方注意，此时如果不小心做了什么不合时宜的事情，一种强烈的"非解释不可"的心情就会突然间涌上来。

其实，每个人都是多面的，在与人沟通时，我们会下意识地针对不同的人展示自己的不同侧面，这在心理学中被称为"认同管理"。当我们想要快速获取对方的认可时，就会更多地采用解释的方式来把自己塑造成希望对方看到的模样，一旦认同管理失败，便很容易陷入"非解释不可"的心情中。

2. 想逃避对方命中要害的批评。

当我们被别人批评，尤其是遭到自己内心承认，但在情感上一时无法接受、不敢面对的命中要害的批评时，出于维护面子的需要，我们往往会切换到防备状态，而解释就成为防备的最好方式。

有时我们会采用合理化的方式，为那些自己不能接受的信息找到另外一种解释，比如"我真的很想帮你抢票，但我实在是太忙了"。或者，我们会采用"退行"的方式，用"不行"来代替"不要"——"真的是因为我不会做，我完全不知道从何下手"。

3. 想获取自信心，确认自己的"正确"。

很多人在需要解释自己时，出于某些原因，比如不擅表达、没有梳理清楚等，只能给出一个尴尬的解释，这会让我们觉得自己很没用。与此同时，当对方给出不理解的反馈，我们会更加受挫，从而想方设法把自己刚才的解释说通，让对方接收到自己想表达的意思。此时对我们来说，想传达的意思也许已经不再重要，我们更在意的是通过解释重新获取自信，重新让自己相信"我的想法是对的"。所以，当我们终于解释清楚，对方也给出积极、理解的反馈时，我们会得到一种难以置信的解放。

4. 想跟对方建立更加亲密开放的关系。

有时我们越是关心某人，就越想跟他分享自己的经历。我们会努力跟他解释清楚每一件事，解释清楚自己的意图，目的是让对方更了解我们，以加强彼此关系的深度和真实性。在这种情况下，我们可能不太在意让他按照我们的方式看问题。不管对方是否同意我们的做法，是否想听我们解释，我们都默认是支持自己的。我们做解释也不是为了说服或操纵，而是出于尊重，希望让对方更好地了解我们，以推进彼此的关系。

5. 想避免否认和误解。

渴望获得理解、被接受本就是人类的天性。但在我们努力追求被理解的感受时，可能会很担心对方产生与自己不同的想法。于是我们可能会极力避免那些可能出现误解的描述，反之尽可能详细地提供能支撑自己观点的描述。

现在不妨回忆一下，当我们努力为一件事做解释时，内心真正期望的到底是什么。

经常拼命解释，会造成什么坏影响

经常用力解释，可能也会给我们带来一些困扰和麻烦。

1. 解释过多会让你感到心累，甚至忘记自己的真实感受。

在管理自我形象这件事上，每个人做到的程度是不一样的。有些人会更多地注意到自身行为和反应，并及时根据需要调整沟通方式，在合适的时候提供适宜的解释。

这种策略往往可以给我们带来更多的认可，但与此同时，也消耗着巨大的精力。更严重的是，我们需要不断根据场景来切换自己的角色，并且根据角色给出相应的解释，这很可能让我们渐渐忘记，什么才是内心最为真实的感受。

2. 解释可能会成为自我欺骗的工具和攻击别人的利器。

正如前文所言，许多时候我们会产生"非解释不可"的心情，是因为感觉伤了面子，想用解释来挽回。此时的我们处在愤怒和懊恼中，讲出来的解释往往具有攻击性，会毁掉我们与他人的沟通。

更重要的是，很多时候，只有当我们真正被戳到痛处，才会选择解释。此时，不管我们的解释听起来多么合理，本质都是一种自我欺骗，让我们远离客观和真实。

如何避免无用的解释

说到底，解释仍然是一种沟通方式。与其纠结为何解释不生效，不如思考一下你是否选对了沟通方式。

1. 沟通是两个人的事，倾听时常比解释更有效。

倾听是一个老生常谈的话题了。当深陷于"非解释不可"的心态时，我们往往会觉得是自己的言语表达不够清楚，不够能言善道，无法使对方理解自己的真实意思。

其实不然，真正有效的沟通不仅包含了表达，也包含倾听。每个人都是传递者和接受者。真正良好的沟通并不是我们"对"别人做了什么，而是我们"跟"别人做了什么。所以，下次再陷入"非解释不可"的冲动时，不妨试一试转换思路，用更多的精力来听听别人怎么说，也许问题就缓和了。

2. 面对他人的攻击，除了解释我们还可以做这一些具体的事。

当我们遇到他人的批评和攻击时，可以采取以下方式来进行沟通：

首先，询问一下事情的详情。比如，对方说"你真的太抠门了"，先忍住想解释的冲动，耐心地问一下"我的哪些做法让你有这样的感觉"。这样，至少能逐步聚焦在真正的问题上进行沟通。

其次，尝试认同批评者的一些看法。很多人拼命解释自己，是因为不知道怎么面对对方的怒火，而此时认同可能是一种有效的策略。我们可以选择同意对方提到的事实，也可以认可对方真实的感觉，这会让双方更少地进入到防备的状态中。

3. 分享自己的感受，可能会让你们的沟通更加深入。

当我们发现无论如何去解释都于事无补时，分享自己真实的感受也许有助于让沟通进入更深入的阶段。不过，我们时常会混淆"表达感受"和"进行解释"这两种行为。例如，"我觉得你是错的"依然是一种解释，而不是客观陈述自己的感觉。

正确的方式是：描述客观的行为＋做出自己的解释＋表达自己的感受。比如，"当你嘲笑我时，我想你发现了我的说法很愚蠢，我感到很尴尬"。

最后，还有一点希望大家明白，很多时候，不管怎么解释，对方都不可能完全懂得我们的想法。

心理学家的实验表明，人与人之间的沟通存在着一种"透明度错觉"。在一个"听节奏、猜歌名"的实验中，打节拍的人觉得自己的节奏打得特别清楚，随便谁都能猜出歌名，但实验的结果偏偏打了脸，真正猜对歌名的人极少。现实中之所以会出现"非解释不可"的情况，还有一个原因在于，太多人都相信"只要我解释得够清楚，对方一定可以理解"，但事实真的不是这样的。

每个人的喜好、价值观都在不断变化，人生经历存在差异，不同的人对一件事的理解必定有差别，而两个人要真正互相理解又需要很多时间。所以，请给彼此更多的耐心吧。

规劝套路："道理我都懂"背后的心理游戏

小良经常把朋友小 C 当作身边的"情感博主"，并找她咨询了很多情感问题：

小良：我最近总和男朋友吵架，到底该怎么办啊？

小 C：你们试着沟通一下，看看原因是什么。

小良：是……但是他生气的时候根本没法交流啊。

小 C：那你就给他发短信说？

小良：我也试过，但是他不回。

小 C：那要不就先冷静一下，等过段时间再聊。

小良：你说得对……但是，我控制不住想找他啊！

小 C 接着又提了几个建议，都被小良否决，于是两人陷入一阵尴尬的沉默。

最后小良生气地说："算了！你这种单身狗不会理解我的。"

你在生活中有没有过这种体验？有时候别人遇到了难题，很沮丧，向你诉苦求助，你试图给予建议和帮助，但对方会一直找理由回绝："是，你说的很对，但是……"

类似这样的人际互动还有很多，如果你与他人的交往总是在一种不愉快的感受下结束，且反复发生，那么你可能被套路了。

用心理学的话说，你们两人都在玩一种"心理游戏"。

什么是心理游戏

心理游戏是美国心理学家艾瑞克·伯恩（Eric Berne）提出的一种人际间的沟通模式。它是指两个人在相处时进行一连串交流沟通，但包含许多双重的、暧昧的信息，而且这些信息导向了一些可以预期的结局。

以下是心理游戏的一些典型特点：

- 游戏是重复发生的。
- 游戏是无意识的，不在成人的自我觉察范围之内。
- 参与游戏的人之间会有隐藏的沟通。
- 游戏导向的是一种可预期的结果。

伯恩在《人间游戏：冲破社交陷阱的人际沟通分析》一书中，介绍了多达 36 种心理游戏，其中有很多都是伴侣之间、夫妻之间、亲子之间常常出现的冲突情景。也许下次在感叹"为什么我总遇到这类事情""我以为这次 / 这个人会不一样，但为什么又……"的时候，可以问自己一个问题："我是不是在玩心理游戏？"

心理游戏是怎么发生的

心理游戏分为很多类型，往往成对出现。在前面的例子中，提出建议的小 C 在玩"你为什么不……"，而陈述困惑的小良在玩"你说的对，但是……"。在小良向小 C 寻求建议的整个过程中，她俩就玩了"你为什么不……你说的对，但是……"这个游戏。

伯恩认为，心理游戏通常会经历六个主要阶段：

诱饵→猎物→反应→转换→混乱→代价

小良说"我遇到了麻烦，请你帮助我"时，隐藏的诱饵就出现了，即"虽然我让你帮我出主意，但我不会接受"。面对朋友的求助，小 C 脑中的信息是"当别人遇到不幸的时候，要出手帮助"，于是小 C 成为猎物上钩了。

小良给小 C 叙述了很多她和男朋友的情况，小 C 的反应是积极为她提供建议。每次提出建议之后，小良便以"你说得对，但是……"来拒绝。几个回合之后，她认为小 C 的建议无用，骂小 C 是单身狗，两人的身份发生了转换。

接着是不欢而散的混乱状态，而心理游戏的代价就是扭曲的感觉。小良感觉很差："说好要帮忙，结果什么也帮不上！"小 C 也很挫败沮丧，感到自己的价值被贬低了。

心理游戏中的角色转换

身份转换是游戏中的重要部分，在此阶段，两个人在互动中角色发生了改变。美国心理学家史蒂芬·卡普曼（Stephen Karpman）认为，在心理游戏中，通常有以下三种角色：

1. 迫害者：贬低别人，把别人看得低下。

2. 受害者：认为自己低下、不好，有时会寻求迫害者来贬抑自己，或寻找拯救者提供帮助，认定"我无法靠自己处理"。

3. 拯救者：同样倾向于贬低他人，但是会从较高位置提供帮助，拯救者相信"我必须帮助别人，因为他们不够好，无法帮助自己"。

这三种角色的互动被称为"戏剧三角形"。

在小良与小C的互动中，小良一开始处于受害者的地位，向小C寻求帮助，而小C是拯救者。但当小良生气时，两人的身份转变了：她成为迫害者，小C则感到受挫、无力，变成了受害者。

这种角色转换的情况很频发，举几个例子：

• 受害者变为迫害者：他人犯了错，你愤怒地去兴师问罪，但几个回合争执下来，反倒成了自己的错，还要给对方道歉。

• 迫害者变为拯救者：你因为遵从了他人的建议而变得更挫败，然后在你沮丧的时候，对方又给你充足的鼓励和安慰。

真实生活中，每个人都扮演着多重角色，你是否能想出其他情境呢？

玩心理游戏有哪些坏处

我们可能会与生活中的每一个人玩心理游戏。根据关系的远近，游戏的程度也有所不同。对于较为亲密的人，如伴侣、父母、子女，心理游戏的频率和程度都较高。程度较轻的心理游戏也许只会造成一点别扭的感觉，但严重的心理游戏可能会导致生命中的重大改变，比如分手、离职、朋友断交，甚至生理伤害。最重要的是，陷入心理游戏之后，每一个人在其中都是非真我的，处于"自动巡航模式"。

真我的意思是活在此时此刻，参与当下的交流，也就是和他人进行真诚的互动，无论是开心、感动，或是愤怒、悲伤，都去直面这些情绪，并且坦诚地表达给对方。而非真我的状态，就像是飞机起飞后，驾驶员设置自动巡航，飞机可以根据以往的飞行模式记录、对当下情况的监测，保持正常运行。这时候驾驶员可以游离开去做别的事情。心理游戏就是生活中的自动巡航模式。游戏中的每个人都在根据以往的行为、思维模式做出对应的反应。例如，小良在诉说苦恼的时候，可能并没有在听小 C 的建议，只是机械地拒绝。而小 C 在上钩之后，虽然把自己放到了助人者的位置，但也没有真心地共情小 C 的感受，只是迫使自己不停地提出建议。

最后，心理游戏的代价就是，所有人都以很不好的体验结束交流，大家都觉得莫名其妙，并且都想去责怪别人。

如何跳出心理游戏的怪圈

生活中的很多事情其实并没有真正的解决办法，单是意识到这个问题，就已经是很困难的一步了。也许在获知心理游戏这个概念之后，我们可以带着这种觉知审视自己的行为，在与他人的关系中才能跳出心理游戏的套路。比如，当他人说"道理我都懂，但是……"的时候，你就要警惕，对方是否在玩心理游戏了，这时不妨试着感受自己和对方的真实需要。比如，先弄清楚对方需要的到底是什么？也许他只是想要朋友的陪伴、找个人听自己说话，也可能是真的想要实际的建议。阐明需求是摆脱心理游戏的有力手段。

另外，心理游戏并非输赢分明的对抗游戏，如果有人跟你玩心理游戏，那么他可能是不愿或不能去直接面对你，才采用了迂回战术。因此，处理心理游戏最好的方法就是跳出来超越整个游戏，而不是在游戏中打败对方。所以，不妨直接把事实公开说出来，直接告诉对方："我对于心理游戏没兴趣，如果你想进行一场成熟的、坦诚的对话，我将非常愿意和你交流。"

其实，他人在征求你的建议时，也许早就做了决定，只是想从你口中听到自己满意的答案，为自己的选择增加一个驱动力。就像用抛硬币来做决定一样，当硬币抛出时，心里的答案就自然出现了。

所以，不如我们放下心理游戏的套路，进行最真实的交流。

同理心耗竭：关心也需要适可而止

用"耗竭"造一个短语，你能想出哪些？资源耗竭、能量耗竭、精力耗竭……神奇的是，在我们关心别人，给别人提供帮助时，这份"关怀"之心也是会耗竭的，这在心理学中，有一个专门的解释，叫作"同理心耗竭"。

同理心也会被耗竭？当然，就像职场、学习中经常遭遇的倦怠一样，人们在助人时，也会陷入同理心耗尽的泥沼，甚至会最终影响到自己的身心健康。

艾利森·贝辛杰（Allison Basinger）是美国堪萨斯"安全之家"的一名员工，这是一家为遭受过家庭暴力的青年人提供帮助的公益机构。这一天，艾利森接待了一位中学生，她的身上发生过可怕的虐待故事，因而向艾利森求助。同往常一样，艾利森竭尽所能地为她提供了帮助，回到自己的办公室时，已经累成了一摊烂泥。她随意地躺到地板上，就好像刚刚跑完了一场马拉松一样，甚至更累。艾利森躺在那里，回想着当天发生的事情，然后陷入了情绪的挣扎，就如同她所帮助的那些人一样。

这是不是很像某个时刻的你？不论你是一个专业的助人者，还是某个人的朋友、伴侣，当你对那些遭受过痛苦的人敞开心扉，献出自己的同理心时，你也会被卷入对方的苦难与情绪中，很可能没有办法全身而退。

同理心耗尽的现象不是个例，它更普遍地出现在以下的工作群体中：心理咨询师、医生、警察、消防员、医院护工、社会工作者等。普通人遇到危险或遭受苦难时，会逃避、会求助，而这些人却迎难而上，与困难或灾难做正面对抗。助人者为那些受伤的人提供帮助，打开自己的同理心，提供各种新的情感联结，比如依赖、支持和信任。但助人者自己却可能在这种联结的压力下，逐渐枯萎、耗竭。典型的情况是，专业的助人者因为目睹了太多的灾难、创伤等，可能发展出睡眠问题，以及因压力导致的生理疾病，如滥用酒精等。

艾利森所遭受的伤害远不止前面所说的同理心耗竭，最糟糕的是，在目睹了各式各样的创伤后，她发现自己无法将目睹过的伤痛与自己的生活分离开来。他人的痛苦跟随着这些助人者回到了家里。比如，艾利森和自己的朋友出门聚餐，结果隔壁桌的一对夫妻争吵了起来，这些吵闹唤起了艾利森工作中的记忆——那些饱受来自父母、男女朋友言语和肢体虐待的中学生们的经历。这一切都让她无法专注于与朋友吃饭和交谈。

不只是艾利森一个人有这样巨大的压力。美国的一项调查显示，每年有 30%～60% 在防治儿童虐待等重要问题部门工作的社会工作者离职。这其中很大一部分原因就是同理心耗竭带来的精神压力和二次创伤。

如何解决同理心的耗竭

这个问题对那些专业的助人者尤其重要，但也可以供普通人参考。在给出答案之前，我们需要厘清三个概念：情绪传染、同理心和共情。

还记得在社交网络上那几个关于"笑的传染"的视频吗？在一列车厢里，一个人开始大笑后，其他人即使不知道发生了什么，也会逐渐跟着笑起来。痛苦、悲伤的情绪也是如此，会传染。

神经科学家塔尼亚·辛格（Tania Singer）的研究认为，在处理别人的情绪时，我们的很多行为都是无意识的，是传染性的，比如发笑。当一个人在以极强的同理心面对你时，他会全然地感受你的情绪，理解你的处境，站在你的角度去想问题——就如同另一个你。共情则不同。共情的核心是对一个人的遭遇和感受表示同情和怜悯，但这种同情完全是从你的角度出发，并不过度介入。

比如说，同理心就是"穿上"对方的"鞋子"，感受他的感受，将自己置身其中。你不是口头上为对方难过，而是真心实意地和他一起痛苦。共情则是你并未发自内心地和他一起痛苦，但依然告诉他："哦，天哪，对不起，发生这样的事情，我真为你难过。"

辛格的研究还发现，如果你是一个同理心极强的人，那么，当别人向你诉说他的痛苦与困难时，你会感到痛苦和疲倦，同时你们两人大脑内部的神经活动区域是非常相似的。也就是，你们几乎感受到了等同的痛苦。

"但是，太多的同理心会导致一些反社会行为。"辛格说。一些专业机构的助人者，因为长期面对那些受过伤害的人，会痛苦、忧虑、精力耗竭，最极端的甚至会自杀。要如何解决这个问题呢？辛格的建议是：将你的同理心转化为共情。

这又是为什么呢？

但实际情况是，对于那些同理心极强的助人者，或者常常与受害者主动接触、打交道的人而言，退回到共情的范围内是非常困难的——因为很多时候他们身不由己。而对于那些真心想帮助别人的人而言，停留在共情的阶段也似乎远远不够，略显冷漠。

那么，为什么共情会更有效呢？辛格为此做了这样一个实验。她给一群善于冥想、以同情和怜悯著称的僧侣观看了别人受虐的录像，然后扫描观察他们的脑部活动。结果发现，同那些被激起同理心和痛苦感的人们相反，僧侣大脑中负责关心、养育和积极社会联系的部分被激活了，然后，他们便能更好地去帮助他人。

受实验的启发，辛格和她所在的机构开始使用一些训练技术，帮助降低、甚至转移助人者大脑中容易触发消极情绪与反应的区域活动，把他们从同理心的地盘拉到共情心的地盘上，帮助那些专业的助人者面对压力，避免耗竭。对于普通人而言，你需要做的是有意识地训练自己，去共情，但不要被那些情绪吞噬。

同理心的耗竭与关系的边界

谈到同理心的耗竭，就不得不谈论另一个话题——关系的边界。

如果你接受过心理咨询，应该知道心理咨询中的一些设置。比如，与咨询师每周以固定的时间和频率见面，一周一次或者两次，每次有一个限定的时间——通常是 50 分钟。时间一到，咨询结束，你就得离开。你可能很疑惑这是为什么。这就是设置的一部分，设置用来保护双方能够安全地工作下去，不被耗竭。

这句话的意思是：当咨询师和来访者进行咨询时，咨询师是在帮助来访者处理问题。然而，即使心理咨询师是专业付出同理心和耐心的人，也仍然只是普通人。咨询师只能在一个限定的时间段内、专业的设置下（包括拥有自己的督导和同伴支持）有效地付出努力。如果这个时间是没有限制的，那么咨询师就可能会精力耗竭，即便咨询师想更好地帮助来访者，实际上也力不从心。在心理咨询师专业伦理中，也强调咨询师应懂得自己的局限，否则可能出于好心却伤害到来访者。

时间的设置是一种保护机制。它设置了关系的边界，帮助咨询师维持自己的能力和状态不被损害。而人们对于"边界"的情感反应和行为，也能够为咨询关系提供更多的治疗材料。

举一个更接近生活的例子。你有没有遇到过这样的情况：某位朋友遇到了困难与委屈，跑来找你倾诉。你耐心地倾听，试图为他排忧解难。然后发现，他在这件事上一直反复纠缠。从白天到黑夜，他一直找你哭诉。最终，你忍无可忍地崩溃了："我没法什么事情都帮助你啊？你应该尽快从这件事情抽身啊。"然后，你可能又会生出一丝小小的愧疚："他是我的朋友，我怎么能不帮助他呢？"

但其实，这个时候你最不需要做的就是自责。因为这并不是你的错。此时，你正处于一种同理心耗尽的状态中。更重要的是，朋友没完没了地求助，已经越过了边界。就如同心理咨询中的种种设置一样，即使是普通人，也需要关注边界的问题。朋友不断地求助，你不断地提供帮助，甚至耗尽自己。仔细想想，这真的是对的吗？

在所有的人际关系中，我们都应该明确边界的存在，哪怕是朋友。没有人是上帝，可以一直无止境地帮助另外一个人。而有效的边界，则能明确规范我们各自的责任，甚至让对方得到更好的现实反馈，有更好的成长动力，让彼此的关系更健康。

所以，下一次再遇到不停地向你诉苦或者不断提出各种"请求"的朋友，你真正需要做的是：承认自己的局限，并告知朋友你的界限在哪里。比如，"我很希望更多地帮助你，但是今天时间太晚，我需要睡觉了""我想这也许超出了我的能力，我也觉得有一种深深的无力感，也许你可以联系一下专业的心理咨询师，或者其他能够给你很好的建议的人"。

习惯性撒谎：欺骗与隐藏其实都没有必要

小 A 有两张话剧票，想约好朋友小 B 一起去，小 B 虽答应了，但在开演前两天突然说，家里有个亲戚来吃饭，她也很想看话剧可是没时间了，下次一定一起出去玩。

小 A 开始觉得没什么，毕竟突发状况是难以避免的。

结果当小 A 看完话剧，刷到朋友圈，才发现小 B 根本没在家里，而是跟另外的朋友共度周末去了。小 A 的手指在那个点赞爱心上犹豫了一下，最后并没有按下去。

小 A 有点失落："就当什么都没看到吧，只是，有些时候，我的朋友为什么不把自己真实的想法说出来呢？"

一些科学家研究提出过令人震惊的结论：欺骗是人类的本能。我们总会出于各种目的，编造出各种谎言，不自觉地撒谎，隐藏自己的感受。

我知道，你想要保护自己

撒谎，从字面意思上来看，就是隐藏事实的另一种说辞。

为什么不把事实说出来呢？因为担心说出真心话之后反而会有不好的结果。精神分析理论提出的心理防御机制中，有一种作用非常强烈的机制叫作反向形成。当个体知觉到自己的欲望和动机并不为自己的意识或社会所认可和接受时，便不会按照内心的想法去做，而是将其压抑至潜意识层面，并以相反的行为表现出来。

就像一对情侣，女生因为男生与其他异性太过亲密而感到不开心，想问问究竟怎么回事，可又担心"我这么做是不是显得自己太小气"，于是反而故作大度，表现出一副无所谓的态度，强制压抑自己真实的情绪。

为了让自己不致显得"小气""计较"，女生隐瞒了自己的真实情感。可这样的隐瞒也许未必能解决问题，因为女生对于男生的不满仍然存在，只是暂时压抑而已。假如今后真的因为这件事爆发矛盾，女孩心里的不满就会像隐形炸弹一样，让她没有准备地突然爆发，甚至更加痛苦。

反向形成的自我防御机制如果使用得当，可以帮助人更好地适应环境，但如果过度使用，以致忽视自己真实的想法，虽然短期内可以避免表面上的麻烦，但实际上问题只是被"拖延"了，并没有真正得到解决。

就像撒谎，短期内确实维持了融洽的状态，但从来不能真正解决我们的问题。

也许，你只是想建立更好的自我形象

再说回之前提过的那对情侣，你有没有想过，那个女孩为什么不希望被认为是善妒的呢？

因为她在避免这个善妒的社会印象。总有一种眼光在注视着女性，一旦她的社会印象（或者个人形象）与善妒挂钩，就会被迫套上更多负面标签，仿佛因此变得尖酸刻薄、斤斤计较。

不只是对于女性群体，社会印象造成的类似伤害还有很多。为什么借钱容易让人不好意思？因为这种举动，可能会让一个人的社会印象被贴上"无能"的标签。

每个人都希望自己能更聪明、更健康、更美丽、更年轻、更富有……至少，可以让自己的社会印象更接近这些特征。然而在通过别的方式塑造出一个更理想的自我的同时，世界上只有我知道的那个真正的"我"却被否定了。这种美化自我的实质，可能反而是对真实自我的厌弃。

你可能只是想要照顾他人的感受

为了达到这个目的，其实不只是你，太多人都会选择说"善意的谎言"。

比如同事新买了件很丑的衣服，兴高采烈地问你，"我这件衣服好看吧"，又比如一个朋友要去进行一次注定失败的尝试，问"你觉得我能应付吗"，你只有两个选择：实话实说，或者给对方一个善意的谎言。然而，说话最真实直接的人，未必会有最好的效果。

鲁迅曾写道，去祝贺新生儿的时候，对着婴儿说这孩子会有多大成就的都是在扯谎，只有说"这孩子以后是会死的"那个人说了实话。当然，也只有那个人会被打。当脱口而出的真实是对别人的伤害时，不如不说。反过来，撒谎很多时候是能解决问题的，甚至已经成了某种"礼节"。

"新开的那家餐馆听说不错，我想去吃。""哦，我也听说啦，去试试吧。"（实际上我听说它很糟糕。）

"你到哪里啦？"
"出门在打车了。"（其实刚刚找到钥匙。）

"我穿这裤子看起来胖吗？""不不，一点都不胖。"（事实你懂的……）

通过撒谎的方式，不引发和其他人之间不必要的冲突，或者达成某种目的，这是一个人成长过程中必然的经验积累。

婴儿时期的我们就知道假哭，哭一会儿，停一下，看看有谁走过来，再接着哭；一岁时，我们就学会了隐瞒事实；两岁的孩子就会吓唬人；五岁的孩子撒谎可以不打草稿，并且已经懂得通过巴结来达到目的；等到九岁，我们已经是掩盖真相的高手。

从好的一面来看，人与人之间是有边界的，当一个人拒绝另一个人的时候，两个人之间的距离会变大。而一个简单的、不伤害任何一方的谎言，则可以有效地避免这种人际关系中距离的扩大。

但另一方面，如果人与人的心理距离已经很近，却有一方总是畏惧和另一方的冲突，那双方的关系一定已经出问题了。所以我们会知道，当对方不得不对我们撒谎时，心里是不高兴的。对方也在害怕我们之间的关系因为他的拒绝出现裂痕，所以选择用谎言来掩盖。

我期待和你这样交流

"我不害怕你的拒绝和否定，因为我知道你给我的意见都是出于好意，你的拒绝是你真的不想答应我的要求。"

"我不会因为你没有满足我的愿望或期待而对你感到愤怒，因为我知道这样敞开心扉的沟通才是一段放松、真挚的友谊的开端。"

在人际沟通中，自我认识是十分重要的，它代表着一个人拥有的思想、情感与态度的全部集结。在人际交往中，人们往往通过角色扮演反映自我认识的发展。

在任何一段关系中，如果双方营造的不是真实的自己，而是委屈自己换来朋友，内心的委屈便会逐渐压抑，让这段关系很难健康地成长。所谓的塑料情谊，大概就是这样开始的。

按照社会心理学家亚伯拉罕·马斯洛（Abraham Maslow）的需要层次理论，人有五种基本需要，分别是生理需要、安全需要、归属与爱的需要、尊重的需要以及自我实现的需要。除了最基本的生理、安全需要，其他需要的满足，首先要求人认可自己。用理想中的虚假自我作伪装，迎合他人，而压抑真实自我的想法，那个被压抑的真实自我是无法得到尊重的。

事实上，我们许多人都在人际交往中刻意地营造不符合实际的自我形象，为了获得他人的好感而不谈自己真实的感受，或许这便是痛苦的根源之一。

当发现朋友对自己撒谎时，可以尝试着去理解朋友的感受，告诉他："把你真实的想法告诉我吧，你并不需要通过隐瞒真相的方式让我开心，我喜欢的那个你就是真实的你。""虽然这样你可能会不开心，但我还是想把我的想法告诉你。"

友谊成长史：大多数友谊都比你想象的短暂

也许你有过这样的经历：在正月的同学或朋友聚会上，你会见到一些人，你们努力地寒暄，尽力亲切地交换彼此的近况。突然身旁有人冒出一句："我记得你们俩当年关系可好啦。"

"对啊，我们当年可好啦。"你尴尬地笑笑，接着恍惚地想：然后呢？当年你们一起翻过学校的围墙，暗恋过同一个校草；你们一起晨读，一起晚自习，听张信哲、蔡依林；你们一起升学考试，分别之后彼此互发书信短信……然后，你们渐行渐远了。

友谊的褪色，似乎是每个人都会经历的，但是同浪漫的恋爱关系或纠结的家庭关系比起来，人们几乎不怎么重视友谊的褪色或者破灭。我们似乎并不会给予个体间的友谊过多的关注。人们通常觉得，友情这种东西，顺其自然就好。而神奇的是，根据研究记录，在心理咨询室内众多的故事中，人们反复地提及友谊、和朋友的关系。好的、坏的、深刻的、惆怅的，关于友谊的故事往往关联着人们生命中最重要或者最痛苦的时刻，有一些是关于成长与陪伴，有一些是关于背叛与伤害。现在，让我们一起来剥去那些戏剧化冲突的外衣，来看一看友谊的进化、维持与衰退。

友谊的成长史

回望我们的成长史，你会发现，人与人成为朋友，绝大多数时候源于"空间上的亲近性"。你们往往是邻居、同学，或者加入过同一个兴趣班。心理学家甚至为此专门做了研究，他们跟踪监测了一幢两层楼房里的居民，发现尽管二层的居民常常需要从一楼的通道处出门或者收取信件，但他们仍然倾向于和二层的邻居结为朋友。

的确，在同一个空间内，你们相识的可能性大大增加。但为什么你交的朋友不是那个空间内的其他人呢？明明舞蹈班有那么多女孩子，明明篮球队里还有好多个队员，但为什么你只和特定的几人成了朋友？

因为在"空间的亲近性"之外，你们还有更多的"共同点"和"相似性"，可能是性格上的，也可能是爱好上的。你们不仅仅能满足彼此的社交需求，也可以互相说笑，可以结伴去吃饭散步。但是，此时你们还仅仅是一般朋友。社会学家贝费利·费尔（Beverley Fehr）认为，将一种相识的关系转化为真正的友谊关系，最重要的是持续增加彼此间"自我暴露"的深度与广度。这是一个渐进的互动过程。友情关系中的两个人需要先迈出一步，开始冒着"风险"暴露自己的小秘密，讲述自己的成长史，分享自己的生活。去问问你的朋友，是否还记得当初你们开始交心的时刻，也许会有很多惊喜的记忆出现哦。

心理学认为，自我暴露是一份真正友谊的开端，也是一个小小的探测，探测这份友谊中的另一方是否愿意有所反馈。而对方是否愿意回馈并转而暴露自己，决定着这段关系能不能继续下去。换句话说，就是俩人要"知根知底"。从空间上的亲近到性格爱好上的相似，再到最终的自我暴露与反馈互动。友谊的进化隐匿于细水长流中。看似毫无章法，其实有迹可循。

友谊如何得以维持

当友谊成形后，你们需要用更多的精力来维持这段关系。关系只有通过维持才能生存。至于如何维持？当然是交流啦。奠定两人最初友谊关系的"自我暴露"就是交流中最重要的环节。无论你们是躺在一张床上聊天，还是深夜结伴去喝酒、吃涮羊肉，持续的自我暴露与交流始终贯穿于整个友谊的发展过程中。你们经常见面或通话，一起度过有趣乃至无聊的纯粹打发时间的时光。当你们分隔在不同的城市或国家时，你们会写邮件、通电话，路过彼此的城市时也会去拜访。

维持友谊关系的另一个要素是：在付出与给予之间取得平衡。你需要在社会角色、喜好等方面接受并支持对方，同时保持忠诚。你可以不欣赏、不赞同对方的选择，但在某种程度上，在谏言之外，你需要予以尊重。社会心理学家卡洛琳·薇兹（Carolyn Weisz）和丽莎·伍德（Lisa Wood）认为，在友谊中，比亲密性更重要的，是对好友的"社会角色"支持，支持并尊重他的宗教信仰、爱好、性取向等。对对方而言，这种接受与支持也是相互的，任何一种不平衡都有可能造成双方关系的破灭。这样的情况每一天都在发生。

友谊为何会褪色

一段友谊出现问题，原因必然是多方面的，嫉妒就是其中之一。嫉妒的出现是很正常的事情，只不过大家不想承认自己在嫉妒别人，尤其当这个人是自己的好朋友时。

嫉妒别人的人，往往只看到对方身上的优点，而忽略了缺点。但好朋友之间，本来正是因为看到了彼此的优点，包容甚至喜欢上彼此的缺点，才会相互珍视，成为朋友。所以嫉妒并不是什么不可容忍的事情，最好的处理嫉妒的方法，就是坦诚地把这种感受表达给对方。

友情褪色的第二个重要原因是个体的成长。每个人都在成长，在不断地改变。你的价值观、世界观、社会角色、身份认同都在不断转换。在遇到那些与你更相似、更接近的人时，你们便会建立起更稳固的关系，慢慢忽略需要费力维持关系的老朋友。

第三个原因是空间与精力的限制。对于朋友而言，空间的障碍几乎成了友情的"头号杀手"，和恋爱关系十分相似。此外，我们都长大了，受限于事业、家庭和种种社会因素，当年的老朋友可能实在没有精力去维持，更何况，知心好友一两个即可，没什么不妥的。

更为重要的是，我们可能忘记了共同努力去维持这份友情。

仔细想想，你是否还有几个朋友，能有"平时偶尔联系，有事必能帮忙，见面必定亲密"的状态。在这种状态之下，你们必然还保持着自我暴露、互相支持与帮助等长久以来形成的习惯。而那些不再是好友、关系疏离和淡漠的人，你不曾努力过，对方也不曾努力过。

面对逝去的友谊，可以做什么

也许有些人不会特别在意朋友的去留，但也有些人不是这样，因为那是朋友啊，是孤独行走时伫立在背后的明灯，是整个少年乃至青年时代的陪伴，然而，在无形中，友谊就这样消弭了。

面对逝去的友谊，并没有绝对的挽回与放弃之说。首先，挽不挽回并不是你一个人的事情，正如友谊的逝去也不一定是你一个人的过错。如果双方不曾在这一段关系上做出努力，任其衰退，那么也就没必要一个人执着于挽回它。如果你们都想挽回，还记得当初你们是怎么维持那段关系的吗？努力再做一遍那些事情吧，那是你们的历史和青春，你们保有着那些记忆与色彩，去重新触发它们吧。

此外，如果友谊无可挽回，也不愿挽回，那请记住，结束是常常发生的事情。有一个残忍的事实：大多数友谊都比较短暂。如果在 60 岁寿宴上与你觥筹交错的人并不是你 16 岁时遇到的那些，也并不代表你的人生没有友情。友谊的本质是两个人在某个特定时间的联结。人生变幻无常，友谊也是如此。

当你认清友谊褪去的最终事实后，下面的三个小建议也许对你有帮助。

1. 学会悲伤和哀悼。

悲伤和哀悼是一种重要的告别仪式，而仪式感能帮助你更好地面对那些困难的情绪。对于一些人而言，友情的破裂与逝去带来的伤害极大。那么，不要对这些伤害置之不理，也不要装作什么事情都没有发生，急着去找新的朋友。花一些时间回顾你和老朋友之间的记忆，在心里面感谢他曾经陪伴你走过那段时光，花一些时间来憎恨和讨厌他的离去，花一些时间来悲伤，花一些时间来从心底和他告别。

2. 结束并不代表需要抹杀过去。

和爱情一样，友情结束了，并不代表需要将过去一笔勾销。在那段友情里学到的积极的经验与感悟，那些美好的时光里留下的美好回忆，会一直跟随着你，成为你的宝藏。不要随意抛弃它们。

3. 不要不留余地。

换句通俗的话说，就是不要打自己的脸。没人知道未来会如何。你以为的这个旧友很可能会在未来重新出现在你的生活里，以任何你想得到或想不到的方式。因此，不要对这段关系或这位旧友恶语相向，在背后捅刀子。给两人之间留一段属于你们两个的未知空间。

就像电影《垫底辣妹》中，三个闺蜜眼看着女主那么努力复习、追求梦想，但还要挤出时间，带着习题出来和她们一起约会唱歌。于是她们主动跟她说："我们不和你玩儿了。"你看，真正的朋友，往往不仅仅会说"我们一定要一起玩"，而且能在需要的时候给予你力量，是坚强的后盾。当你追求自己的目标时，他们也全力支持你，即使有时需要"推开"你。这种主动"抛弃朋友"，也许比"要和朋友一辈子在一起"还要难得、感人。这也是朋友熠熠发光的时刻。

正如肯尼·罗杰斯（Kenny Rogers）说过的，"You can't make old friends. You either have them or you don't."——你没办法交到一个老朋友。"老朋友"，你只能有，或者没有。说不定将来哪天就有新的故事出现呢。

Chapter 4　性别认知与亲密关系

嘿，我想和他 / 她聊聊

第七章　性别关系和性别认知

首先，你要了解自己

我们常常发现，自己活在一个只有"男"或"女"的二元性别世界中，活在性别不平等、每一个人都是受害者的世界；活在"父权社会"，一个刻板印象被商业体系不断强化的世界……但如今，这样的世界已出现了裂缝。

在本章中，我们将聚焦一些新涌现的话题，如跨性别者、性别光谱，和一些长久以来一直探讨的话题，如职场歧视、性别不平等、性欲等，来谈谈古老、新鲜、复杂又模糊的"性别"。

职场女性歧视：她的话一直被无视，
直到他"父述"了一遍

　　一位天文学教授发推特说，她的朋友创造了一个新词"hepeated"，我们将其译成"父述"。

　　"hepeat"把男性"he"和重复"repeat"两个词组合起来，意思大概是：一位女性在工作中说的话、提到的观点被无视、贬低，但同样的话被另一位男性重复一遍之后，就受到了重视和赞赏。与这个词差不多的还有"mansplaning（男性说教）"——男性"man"加解释"explaining"，指男性用一种居高临下的优越态度，给女性解释一些她们已经完全懂得的概念。

　　在工作场所中，女性遭受的"微小歧视"随处可见，它们以微妙的形式普遍存在着，女性甚至意识不到她们的付出被他人据为己有。电影《欲望都市》中，米兰达的老板就是职场中典型的性别歧视者。他直接把米兰达负责的项目转给别的同事，丝毫不顾及她的意见和感受。米兰达忍无可忍，当面表示了不满和抗议，但最终仍是通过辞职来反抗。

格外明显的"隐形优势"

　　事实上，大多数人都不会了解不平等的感受，直到他们亲自体验到差异。一位名为马汀的男性在推特上描述了自己的真实经历。

马汀公司的老板跟他抱怨同事妮可工作效率太低，说她每次和客户沟通都要花费很长的时间。马汀觉得自己工作经验更丰富，于是就主动申请接管了妮可正在负责的项目。但是在接手之后，他发现，是客户非常不合作。"他（客户）对待我的态度简直令人难以置信，粗鲁、不屑一顾，总无视我提出的问题！"马汀抱怨自己遭到了极其恶劣的对待。一周之后，他终于发现了问题所在：他在和客户的邮件往来中，一直在用原来妮可的签名。也就是说，他是以妮可的落款和身份在和客户沟通。

在他更换了签名档并向客户解释清楚这个误会之后，客户的态度出现了180度大反转，不仅非常高效地回复马汀的邮件，而且还十分配合。马汀恍然大悟，客户一直挑刺，不是针对他的工作，而是针对他的身份——"女性员工妮可"。于是，他和妮可计划进行一项为期两周的试验：他们互换了签名档，使用对方的身份在工作中沟通。结果，马汀经历了地狱般的两周，而妮可却在工作中体验到了前所未有的顺畅，项目都很高效地完成了。马汀意识到，他与同事的差异并不源于工作经验，而只是男性名字这样一个"隐形的优势"。

2012年的一项研究发现，在申请大学时，简历上的名字明显为男性申请者的通过比例要明显高于女性，即使两份简历是完全相同的，唯一的变化只有名字。并且，女性求职者的工资也要比同岗位男性低13%。

无论是大量的社会调查、研究，还是每个人的切身体会，都在说明性别不平等的存在。但意识到这些不平等之后，我们又做了什么呢？

男权社会下，女性面临的是什么

我是个女性主义者，但在上个月约中介看房的时候，还是下意识地犹豫，要不要带个男性朋友陪我一起去，不然我一个女生恐怕会受欺负。

这使我意识到，长期浸于男权社会，已经在很深的层次上影响了我的观念。我们常常看到旅游攻略上写着"不建议女生独行，最好有男性陪同"，在谈判场合，好像和男性一起会降低上当受骗的概率。公司里的女性同事也表示，曾在申请退货、要求维修、咨询客服却沟通无果时无奈地求助身边的男性，他们在用严厉的口吻沟通之后，问题立刻得到了解决，这样的经历不止一次。

一位女同事跟我说："每次遇到问题，当我无论怎么沟通，对方都不让步，而我男朋友一句话就搞定的时候，我都觉得特别难受。我们说的句子甚至都完全一样，他只是用男性声音再说一遍。这导致我现在甚至完全不想自己去解决问题，有什么事都直接让他来，我觉得自己特别悲哀。"女性为了安全地生存下去，从开始的沉默、忍耐到适应、放弃争取，最后将自己融入了男性书写规则的社会，成了男权的捍卫者。

于是，我们时时听到来自男人和女人的规劝："女孩子就要文静一些，别说那么多话""女孩读那么多书有什么用，找个好人嫁了才是正经事""女人得懂得示弱，那么强势谁敢娶你""女人一定要生孩子，不然人生不完整"。

而还怀着一丝希望想要争取的女性，就像独自在寒夜里行走的人，疲倦、沮丧。此时任何一点温和的规劝，"善意"的保护，都像闪闪发光的霓虹灯一样吸引着她们："外面太危险，听我的话，做到这些，就不用受罪了。"

但霓虹灯终究不是火，往往靠过去之后才发现，闪耀的地方未必温暖。

性别不平等，男性也是受害者

在男权文化中，女性并不是唯一被歧视的对象。

我在地铁上曾听到两个女生的对话，一个说："好烦呐，最近都没有男生追我……"另一个说："欸？我看××不是在追你吗？""××吗？'屌丝'又不是人。"

性别不平等会伤害每一个人。为了维护男权社会，男性也牺牲掉了很多权利，他们不被允许哭泣，流露细腻的情感，他们甚至被迫使用暴力，只是为了让自己看起来"爷们儿点"。当女性被限制进入后厨、工地等男性主导的职场领域时，男性在试图做一名幼教、护士时，也同样面临着歧视和嘲讽。难道男性就一定要隐藏起温柔细腻，"理所应当"地承担更粗糙、繁重的工作吗？

一直以来，我们好像别无选择，被逼迫着成为"男人"或"女人"。我的大学室友是个敢闯敢拼的女生，她一个人在上海工作，却在年夜饭桌上直接被父母通知："过了年辞职回老家，工作已经给你安排好了。"她有个弟弟，从小就希望找个稳定的工作，过平稳的生活，但因为是个男孩子，家里人就一直逼着他"出去闯闯"。姐弟俩相互羡慕，谁也不好受。只是因为各自的性别，而被要求应该做什么，活成什么样子，这也许是我们最不想看到却也最普遍的集体悲剧。

愿我们在成为男人或女人之前，能先成为自己。

"男性凝视"之下：交出了身体的女孩

一个女孩说，有一次她站在讲台上发言，向坐在第一排的男同学提了个问题。结果那位男同学愣一愣，看了一眼黑板，又看了看她，用很笃定的语气说："我没有在听你说什么，我刚刚就在看你的腿了。"后排的同学们轻快又暧昧地笑起来。

不知道他出于什么目的说这样的话，是为了化解尴尬、显示自己的幽默，还是出于其他什么目的，也不知道别的女性在这种场合遇到这样的情况会是什么心情，但当时站在台上的女孩只有一个感觉——她在被"观看"。

这有什么不妥呢？没什么不妥。一边的教授不会觉得不妥，身后的同学不会觉得不妥，被说的女同学可能也没有觉得不妥，甚至可能还觉得受到了恭维。

公开谈论女性的外表、表达对女性外表的欣赏是最安全的话题，起码比强行回答自己没有认真听的问题更安全。

女性永远在被观看，而观看女性的，是男性凝视。

何为男性凝视

男性凝视是指，在父权社会中，女性被置于被观看者的位置，被物化为性物品、被欣赏、被使用、被塑造成符合父权社会希冀的，具有"女性气息"的第二性。男性凝视的主体不完全是男性。凝视着女性的，是借着异性恋男性视角去定义女性、被普遍认同的价值观。这样的价值观对女性的外表赋予了过高的价值，同时还试图教导每一个女孩去认同这个价值。

女性的身体有一个"完美"的版本，它出现在各种各样的商品广告里，用来卖所有东西。影视剧里的男人有各种各样的身材，但他们只和同一种身材的女性约会。所有女性的目标，就是成为那个"完美版本"。因此，女性对外表的注意是受到鼓励的，甚至只有愿意注意外表的女性才被认为是迷人的，以至于"只有懒女人，没有丑女人"被奉为励志名言。女孩一出生就暴露在这样的环境里。从性别认同开始之初，人们就有意无意地引导女孩们去注意漂亮的公主，注意琳琅满目的衣橱，看精致的女人，看她们使用化妆品的样子，仿佛在享受什么天赐珍宝。

我们周围的一切都在提醒女孩注意自己的外表，甚至都在对女孩们进行"外表戏弄"。

男孩和女孩都有可能被外表戏弄。大人们喜欢逗小孩，说他们长得太高，说他们脸盘子太大，说他们眼睛太小。但比起女孩，男孩通常不会被这些戏弄影响自尊或自我评价。外表戏弄留下的"漂亮压力"，只有在女孩子那里会得到最大的体现。她们把自己和电视电影、广告海报中的"模板"进行比较，把别人关于她们外表的评价牢记在心，她们带着"好看"的义务生活。因为保持好看，保持性吸引力，保持"有用"，是女性在父权社会中的天职。

女孩们的"自我物化"

　　成长环境中有意无意的外表戏弄，让女孩们清楚地知道自己正在被观看。即使事实上并没有人真正地在"观看"，但这种被观看感，在她们的性别认同开始的时候，就已经被编织进了自我认知里。女孩从一出生就暴露在外部的物化目光中，被教导要注重外表、被比较和评估外表价值，久而久之，她们会将这种来自外部的物化目光内化，用外部的目光审视自己的身体，过分迎合所处社会环境的审美需求，发生自我物化。

　　自我物化不是一个全有或全无的心理状态，它更像一个女性在男权社会中的心理预设。例如，女性很小的时候就认同了美丽对女性的非凡价值，且从来不去怀疑这件事的合理性。自我物化的程度也不是固定不变的。拥有不同经历、不同人格特征的女性，在面对不同情况时，自我物化的水平也会不同。例如，有人即使意识到维护适当的体重有很多的益处，也并不稀罕这些益处，而有人就会把"不瘦就死"当作至理名言一样奉行。

　　女孩们一旦过多地自我物化，她们的认知水平、社交能力、心理和生理健康都会受到影响。她们会变笨，会变得更低落和焦虑。她们时刻注意自己的外表，时刻用外部的审美目光审视自己，时刻在肩头担着"我得漂亮"的漂亮压力。当女孩们聚到一起聊天的时候，你总是能发现她们对自己外貌上的"缺点"一清二楚，对于怎样"修正"这些"缺点"，她们也是了如指掌，条条是道。她们知道什么样的粉底能遮住痘痕，知道选什么样的上衣能让腿显得更长。似乎了解和修正这些"不完美",能为她们带来一些掌控感。很多追求漂亮的女孩子,最后追求的都是这种"掌控感"。

因为,与其去慢慢接纳自己,缓解因怕胖产生的进食焦虑,不如直接吐掉食物;比起"增强自信心"这样虚无的口号,不如去做一对双眼皮来得又快又实在。

"美"的定义、"美"的价值悬在每个女孩头顶,她们向它迈近一些,或是在做着向它迈近的努力,这个过程本身就能给她们带来掌控感。但实际上,这些掌控感根本就是自欺欺人。在男权社会,女孩们早就和自己的身体异化了,她们早就失去了对身体的自主权。无论做什么,永远有人在四面八方虎视眈眈。她们用力减肥,试图靠减肥成功这件事来摆脱体重焦虑,为自己赢得一点自信的时候,有人说她们"虚荣"。小姑娘染了鲜艳的头发,或是穿了性感的服装,就是"不检点"。总之,女孩子无论想要对自己的身体做些什么,似乎都有错。女孩的身体无论是什么样,都有人觉得自己有资格去评价。

有一次,我参加了一个女性主义沙龙,我分享的主题是"像女孩一样投掷"。我说女孩在五六岁的时候就已经知道要注意自己的动作和体态,她们在投掷物体的时候,大多不会动用除了小臂和上臂以外的肌肉。但在她们再小一点的时候,事情不是这样的。那时,她们还没有听过来自任何人的外表戏弄,还不能理解所谓的女性规范,她们能像男孩一样,动用全身的肌肉尽情地投掷。可社会化开始后,女孩的身体就不再是自己的了。她们把自己的身体交给了别人的目光,允许这些目光评价自己,甚至愿意为这些目光修改自己的身体。

我说完后，有一个女生站了起来，"你觉得你脱离这个监狱了吗？"她问我。

"至少我已经把它解构了。"我说。

"你没有。"她说，"你在台上的时候，一直在拨弄刘海，一直试图用鬓角遮住脸颊，一直用力收着腹。你明明很不自在，在你自己的身体里很不自在。"

我突然恍然大悟。我们已经交出去的身体，可能再也拿不回来了。

"谢谢你帮我补充论据。"我对她说。

"漂亮"是人类的权利，不是性别的义务

其实很多时候，除了我们自己，根本没有人真正地在意你究竟漂不漂亮。男朋友看不出你瘦了两斤，同事也看不出你有多少条裙子。

说真的，他们为什么需要看得出来？即使他们会"看得出来"，甚至会"评价"，但会被这些"看见"和"评价"影响的，也只有女孩自己，只有在男权凝视下，背负着漂亮压力的女孩自己。男权社会最矛盾的地方就是，大多数人，不管是男孩还是女孩，都在承担莫名其妙的压力。女孩有"温柔压力"，男孩就有"男子汉压力"；女孩有"貌美如花压力"，男孩就有"赚钱养家压力"。

而这个问题，还不是质问一句"为什么不能是女孩赚钱养家，

男孩貌美如花"或者"为什么大家不能活成想要的样子"能够囊括的。因为即使我们意识到了这些问题，压力也不可能一下就消失。商场里还是贴着千篇一律的"好身材"海报，微博广告还是不问你需不需要减肥就给你推荐减肥产品，朋友们还是焦虑地讨论着皮肤问题、交换美容产品信息。大家只能变得更漂亮，来应对这个漂亮压力。

不过，想要漂亮当然不是什么"错"。实际上，习惯把一切都搞得很漂亮，有时候也是一种"girl power"（女性力量）。或者我们不把它称作"girl power"，而是称作"humanity power"（人的力量）。因为漂亮，或是追求漂亮，它应该像人性里其他所有美好的东西一样，是能给所有人带来快乐的东西。它该是一种人类共有的权利，而不是专属于某一种性别的义务。

"处男歧视"：过了 24 岁还没有性经验，
就是社会中的少数吗

性是最广泛使用的暴力和束缚之一。这在女性身上体现得非常明显，在男性身上则以另一种更隐蔽的方式显现出来。在一些人的社会观念中，女性婚前必须是处女，但男性不能是处男。这种对待性经验的双重规则，建构出来的"非处女歧视"和"贞操羞辱"，对男女双方来说，都是束缚和不尊重。

不占少数的"处男"，怎么就成了消费和嘲笑的对象

处男的确是少数，但不如你想的那么少。

2009 年中国的一份生殖调查显示：34% 的男性，到 24 岁时还是处男之身。美国的处男比例更低一点（23%），日本 20 到 24 岁男性的童贞率为 40.5%。

美国和日本的数据有很长的时间跨度，向我们展示了近年来男性童贞率的变化。男性童贞率并不是一路走低的，这可能反映了社会文化并非一成不变。尽管童贞率有波动，但只要过了 24 岁还没有性经验，基本上就成了社会中的少数。

对一些人来说，处男近似于一种污名，尤其是"高龄处男"。

40 位美国处男曾接受《GQ 健康通讯》的访谈，他们都表示自

己感受到了很大的压力。身边人知道这一事实后，倾向于认为他们"可怜、孤单、不开心、性方面有点问题"。

一些男性觉得，"没有破处"很遗憾，很挫败，并且害怕别人知道自己是处男。有人觉得自己没有吸引力，还有人存在性取向和性别认同问题。

有些人似乎认为男性生来就应该有性体验。一项调查显示，超过一半的受访者认为谈论"男性童贞"没有意义。

人们似乎默认，性体验是男性气概的一个重要方面。男性在什么时候破处的问题上，通常很少被鼓励去思考是不是"自己的决定"。

事实上，你总是听到一名女性"失去"了贞操，而不太会听到有人说谁"夺走"一个男性的贞操——他们所受到的同辈压力在于"如何让自己看起来更有男子气概"，为此需要尽快找到一个"捕猎对象"来摆脱处男之身……女朋友也好，一夜情也好。

因为，处男，是不合群的、没有魅力的、缺乏传统男子气概的"异类"。

处男焦虑与标准叙事

在性别刻板印象中，从来没有单一性别的受害者。

男性对"有毒性别气质"的内化，甚至催生了一类像"Incels"（非自愿独身者）这样的社区。

维基百科对它的描述是：Incels 用户一般都是男性，而且可能未有过任何性经验。他们可能是"毒男"（指欠缺异性缘的单身男性），又或是一些"女神"的"观音兵"（被女生差来遣去的男性），但也有可能两者都不是。这样的一群人后来成了欧美社会中的一个亚文化团体。

男性聚在这样的社区中，谴责女性不与她们发生性关系。对他们来说，性被视为一种毋庸置疑的、必须被满足的需求。"女性应该满足我的需要"是一种常态，甚至是一种"天赋人权"。这是一个看似极度不合常理的社区，且不可避免地成为社会动荡因素。

标准的处男叙事告诉我们，男人应该在某个年龄段失去童贞——比如18岁，或者21岁。不管通过什么途径，他越早失去它，他的生活就越好。

处男，不是他的错，但人人告诉他处男是错的，他的阳刚之气受到了质疑。所以，那该怪谁呢？怪这个社会吧。"贞操"与权力相关，它被视为一种深刻的、有意义的、发自内心的占有，关乎我们对于身体的自由决定权。它是厌女文化的产物。对女性来说，她们与谁发生性关系，什么时候发生，都是她自我价值的"绑架因素"，被用来控制女性。

另一面，男性的贞操是被丑化的。对于男性来说，他要么太阳刚，要么不够阳刚，要么性生活太活跃，要么性生活不够活跃。在性别刻板印象的较量中，人人皆是受害者。因此，我们都需要一些反抗的勇气。

重新看待性：正视性冲动和性选择

在现实生活中，我们总有一种刻板印象，好像在关键时刻按捺不住色欲而断送职业生涯和大好前程的多是男性。在人类的性这个问题上，似乎只有男性"精虫上脑"，好像没有女性"卵子上头"。但实际上，你身边那些看起来极其理性的人，也难免被"色欲"冲昏头脑。

另一种刻板印象在于，似乎所有人都需要过性生活，缺乏性冲动的人便是不正常。而那些不需要性，不喜欢做爱的人也陷入被社会规训为"不正常"的困境之中。但当一种确定的"无性恋"的选项摆在我们面前时，能否为别人的性选择增加一些尊重，又能否为自己的性选择带来一些确定性呢？

色欲面前，男女都一样

美国演员罗宾·威廉姆斯（Robin Williams）曾说：上帝给了男人一个大脑和一根小弟弟，但问题在于，男人的供血量，只够在同一时间支持二者之一。当然，这并非只是男性的问题，女性同样存在这种上半身和下半身的冲突，只是在日常生活中，女性似乎更擅长隐藏和控制这一点。

我们相信，在性这件事上，绝大多数人还是相信真爱的。只不过有些时候，我们的身体或者某些部分，也会需要一些类似但短效的"替代品"，这往往就是"色欲"作怪的时刻。多数人都有过这样的体会：在地铁上看到一个帅气的小哥哥或者漂亮的小姐姐，就特别想去要个联系方式，甚至脑补一段跟对方滚床单的画面。或者，稍微喝了一点酒后，会更轻易和异性互加微信，当然前提是对方身材、长相都很棒。有这些想法很正常。但如果不好好克制，就可能因此变得盲目，智商骤降，从而犯下难以弥补的错误。

按照心理学家玛丽·拉米西（Mary C. Lamia）的结论，色欲确实具备"降低人类理智"的力量。在色欲控制下的人们很可能失去感受力，从而忽视现实。在理性情况下，很多事情你都不会做，比如第一次见面就跟异性回家。多数情况下你的大脑都会保持理智，会有所担忧。比如，这个人靠谱么？会不会有危险？他会不会是一个碰巧在酒吧喝杯酒、长得挺帅的变态杀人狂？但是，如果对方有着无法抗拒的诱人外表，可能就会使你迫切地想要接近，在大脑的报警声和下半身的呼唤声中，毅然决然地丢掉脑子。

根本来讲，色欲就是这样一种强烈的、生理层面的吸引力。

色欲是怎么让人一步步失智的

那么，色欲是如何让我们失去理智，甚至失去情感约束，失去愧疚和羞耻感的呢？这其实跟我们的大脑有关。人类大脑在进化过程中，似乎有一些小瑕疵：在面对性诱惑这种日常情况下极其缺乏的诱惑时，大脑会缺少足够的自控能力。我们的大脑更倾向于汲取短暂、即时且强烈的快感，和贪吃是相似的道理，色欲会激活男性大脑的边缘系统，使得前额叶皮质区（人类大脑的判断力区域）的活动减少，从而让我们的判断力失去控制。

对此，美国杜克大学教授丹·艾瑞利（Dan Ariely）曾做过相关实验，发现"人们并不知道性欲能给自己带来多大的影响""性兴奋会使得我们急躁，并且使我们极大地低估其影响"。

加拿大麦克马斯特大学的学者也做过一项研究，他们分别给男性观看性感女性和普通女性的图片，同时告知这些男性，每个人都可以获得 15 美元或 75 美元的奖励，15 美元明天就能拿到，而 75 美元还要再多等几天。结果，选择第二天拿 15 美元的人，大多是那些观看性感女性照片的男性。这项研究在一定程度上可以证明，色欲会让人们更在意短期的快感，而非长远计划。

越是好色之徒，在色欲的刺激下越容易做出急功近利的决策，放弃那些看起来更明智的长远方案。色欲让人们更容易冒险、冲动行事。这一事实还被许多商家利用，并广泛用于提高商业盈利，也就是变着法子赚我们的钱。比如，在拉斯维加斯，酒店和赌场老板会雇佣各种性感的员工，使用这种性元素更容易激活顾客大脑的相关区域，让他们更疯狂地消费和挥霍，多花一些在理性状态下绝不会花的钱。面对美女荷官，男性赌徒们可能在赌桌上砸更多钱，下更大注，好像这样就能得到美女荷官的注意。在酒吧夜店安排女性跳钢管舞也同理。在酒吧，如果酒保长得很帅，女性也会多花钱买酒，想得到帅酒保更多的关注和赞美，如果帅酒保表现出更多亲密举动，很多女性可能会失去理智，超预算肆意花钱。很多手游也是同样的套路，男性向手游中的女性角色往往个个丰乳肥臀，让男性心满意足地充钱。女性向手游中的男性角色则往往又帅气又会调情，这也都是为了刺激消费。再比如，某个国产的椰汁品牌，特意找大胸模特做广告，说白了，就是让消费者在"色欲"面前失去理智和提防心理，然后花钱。

性不是一切的答案

当色欲对一些人来说是生活中必不可少的乐趣时，还有那么一群人，"从不想睡别人，也不想被睡"。在一个人们把结婚、生子都看成是天经地义的事情的社会中，身为"无性恋"者，可能并没有机会主动选择，只能随大流。但总有些不妥协、希望坚持自我、寻找无性婚姻的人，他们"至少已经意识到了，自己是不需要性的"。

听到"无性恋"，很多人的第一反应是"性冷淡？""工作压力大，我现在也无性"。的确如此，性频次降低、分床睡、没有性生活的现象，在当代中国家庭中并不少见。以至于人大社会学教授潘绥铭在 2009 年发表的一项报告称，在接受调查的已婚夫妇中，四分之一没有性生活；超过 6% 的受访者承认一年或更长时间没有性生活。

但是，无性恋这个概念，并不能与上面的情况混为一谈。它是一类正常的性取向，被称为"第四种性取向"（独立于异性恋 / 同性恋 / 双性恋）。它并非一种选择，而是近似一种自己的身份认同。

研究发现，无性恋者缺乏欲望，可能主要缺乏对他人的欲望，而不是缺乏欲望本身。有证据表明，无性恋者有某种形式的欲望时，它通常是一种"孤独的"欲望——一种与他人无关的欲望或一种无伴侣的欲望。

许多研究表明，有相当多的无性恋者会自慰。对于其中一些人来说，可能会有"弥漫"的情欲感觉（也可能完全没有）。换句话说，他们即使对性刺激有某种程度的身体反应，也不存在与他人有性关系的"自我"。

中国 2015 年的一项网上调查显示，80% 的无性恋者是女性，且受过高等教育。在香港浸会大学教授黄结梅的研究中，无性恋群体还可以再被细分为几大类：例如，具有浪漫倾向的无性恋者和无浪漫倾向的无性恋者。

加拿大布鲁克大学的心理学教授安东尼·博格特（Anthony Bogaert）曾报告，无性恋在人群中的比例大约是 1%～3%。目前的主流理论和全球最大的无性恋社区 AVEN 认为，无性恋者的决定性特征是"从未感受过他人的性吸引力，或是缺乏对他人的性接触渴望"。

相对于 LGBT 人群而言，无性恋者是"更被边缘化"的一类性少数人群。毕竟，在一个性开放的社会里，对性没有兴趣自然会被视为异类。这就使得无性恋者的婚姻面临着更多问题，就像在无数个"搭伙过日子"的匹配变量里，又加上了一层"性匹配"的必要条件——不然这对于非无性恋者也是一种伤害和不公。但即使性匹配了，能找到自己另一半的变数也很多，他们也一样会经历分手、磨合和再次匹配的过程。

他们在网络上组成各种各样的小组，追寻自我认同；他们会强调，无性恋不是一种病，而是一种内在取向，"并没有更纯洁或是更高尚"，也不需要结婚。

性不是一切的答案。

尽管性行为常常是一种强烈的愉悦来源，但它确实有可能只是一种选择。如果有人选择"不"，性也不应该成为一种障碍，或是定义他们的方式。

打破性别框架：你真的了解自己的性别吗

> "我们不能只做男人或者只做女人，我们要成为有女子气的男人或者有男子气的女人。"
>
> ——弗吉尼亚·伍尔夫（Virginia Woolf）

一个朋友曾告诉我，她从小就很想当个男孩。因为她觉得，男孩更自由，不麻烦。"我的女同学们在谈论月经与智商、能力发挥之间的关系，为的是在生理周期里处于最佳状态时去高考。唉，要是个男孩，哪有这么多烦恼！"

她的话不无道理。然而，"男孩就该如何如何"的印象本身，可能也会使一些男孩陷入不自由和麻烦中。你有没有想过，在讨论性别时，真的只有"男""女"这两个概念吗？是不是我们其实都戴着一副"男性／女性"眼镜，才形成了对这个世界的很多固有看法？如果我们能够把这副眼镜摘下来，会不会看到完全不同的世界？

只有男女两种性别

美籍非裔模特吉娜·萝杰拉（Geena Rocero）在 TED 演讲上，对着台下数百人说："性别总是被认为是一个事实，不可改变。但是我们知道，性别事实上是非常不定的、复杂的、神秘的。"她披着一头美丽的黑色长卷发，蓝色的紧身礼服裙将身体衬托得玲珑有致。大概没有人会否认，她是一位非常有魅力的女性。但事实上，萝杰拉出生时，周围的人根据她生殖器的外观，将她鉴定为男性。然而，她并不认同自己的生理性别。5 岁的时候，小萝杰拉将一件短袖衫套在头上，在房间里走来走去。妈妈问她："你为什么总是把短袖衫套在头上？"小萝杰拉回答："这是我的长头发，妈妈。"

我们从出生开始就被周围的人反复告知，世界上的人分为两类——男人和女人，而且我们只能属于其中一种。如果我们是男人，就应该喜欢女人，反之亦然。如果不是这样，就是不正常的。

事实真是如此吗？美国有着"性革命之父"之称的阿尔弗雷德·金赛（Alfred Kinsey）教授从 20 世纪 40 年代开始，在美国对近 20000 人进行了面对面调查访谈，详细揭示美国社会中人们性行为的实际情况。《金赛性学报告》指出，有 50% 以上的男性和 30% 以上的女性在一生中曾经有过同性性行为经验，而其中大部分人并不认为自己是同性恋者，称自己仍然更受到异性的吸引。这个调查结果，不只挑战了"男／女"的性别分类方法，甚至挑战了异性恋和同性恋的二元区分。幸运的是，越来越多的学者开始意识到，"性别"这件事可能比我们过去以为的要复杂和模糊得多。20 世纪 90 年代，"酷儿理论"兴起，并在全球范围内获得了众多支持。"酷儿理论"对我们习以为常的二元性别分类发起了挑战。这一理论最核心的主张是：人的性别不是只有"男""女"两个极端，而是一条连续的光谱带。我们每个人都可能位于这条性别光谱带上的任何位置。

性别是流动的，就像光谱一样

传统的性和性别观念认为，我们的性别基础在于身体、性别和性欲这三者之间的关系。我们的身体决定性别，而我们的性别又决定了性欲——受到哪种性别的人吸引。

但酷儿理论并不认同这种观点。美国酷儿理论学者朱迪思·巴特勒（Judith Butler）就指出，根本不存在"恰当的"或"正确的"社会性别，即适合于某一身体（生理性别）的社会性别，也根本不存在生理性别的文化属性。她认为，与其说有一种恰当的社会性别形式，不如说存在着一种"连续性的幻觉"。人们的同性恋、异性恋或双性恋行为都不是来自某种固定的身份，而是像演员一样，是一种不断变换的表演。酷儿理论告诉我们：人的性倾向是流动的，不存在同性恋者或异性恋者，只存在某一时刻同性之间的性行为，或另一时刻异性之间的性行为。甚至，不存在传统意义上绝对的男人或女人，只存在着一个个具体的、活生生的人。

再讲一件有趣的事。全球社交网站脸书（Facebook，现在的Meta）某种程度上也是"酷儿理论"的支持者。该网站在 2014 年更新了页面的"性别"选项，从"男／女"两种选项拓展到了 56 种性别。56 种性别选项中包括顺性、变性、流性、泛性……

软件工程师布里埃尔·哈里森（Brielle Harrison）是脸书公司

推进56种性别项目的负责人之一。她也在经历着性别转化——由男性转化为女性。在一个星期四，她监测这一工具的系统漏洞时，把自己脸书（Meta）账号的性别选项从"女性"改为了"跨性别女"。"这一改变对于许多人来说或许没什么影响，但是对性少数群体来说太重要了，这就是他们的全部世界。"哈里森说。

目前，不少人已经幽默地将自己形容为"弯曲的直线"（straight with a twist）。在英国流行文化里，"straight（直男／直女）"是对异性恋的通俗叫法。这个词已经传播到了全球各地，我们也经常在聊天时脱口而出，"嘿，他是直的（异性恋）还是弯的（同性恋）"。可是，如果有人告诉你，他是"弯曲的直线"，那他该归入哪一类呢？

是时候打破僵化的性别框架了。"弯曲的直线"这种说法，让我们看到各类性别分界线正在变得模糊的新趋势。人可能是弯曲的直线、具有女性气质的男人、具有男性气质的女人……这有什么好奇怪的呢？

我们对性别的偏见

简单心理曾经和专注于中国青年群体及青年文化研究的公司"青年志"合作，以新媒体平台OpenYouthology上的青年社群为调研人群，对年轻人的性别气质多元化进行了调研，并发布了《2016年中国年轻人性别气质趋势报告》，报告中指出了人们对于性别的几种典型的偏见，很有意思。

1. 二元刻板：男孩女孩就得不一样。

二元刻板，指的是人们对男性与女性的期待完全遵照传统的性别文化，认为男性就应该具有以事业为重、坚强刚毅等气质，女性则应该温柔细心、顾家、对性被动等。在个性与外表上，男性形象被束缚在商务精英、居家暖男或运动型男三种类型上，女性则多为清纯可爱或性感诱人的人设。在生活方式与文化消费上，男性的兴趣多集中在运动、游戏、科幻，女性则是购物狂或煲剧达人。在社会关系与角色上，女性总是被动依附、被观看的一方，男性则多是主动引导的一方。

2. 固化不流动，女汉子在哪里都是女汉子。

二元刻板强调的是男女有别，而固化不流动这个概念强调的则是一个人的性别气质是固定不变、不会随着场合变化而变化的。

固化不流动完全忽视了人的变化性和成长的可能性。一旦被贴上了某类性别气质的标签，这张标签就会伴随着你到任何场合。比如，男性在任何场合都应该永远符合有控制力与领导力、自信大气的气质设定，女性在任何场合都应该保持温柔、细致、关注生活等"女人"气质。

一个人如果有超越传统两性气质的特点，就很容易成为撕之不去的标签，比如女汉子、圣母婊、直男癌、娘炮、耙耳朵……

3. 过度性别化：女孩喝个饮料也该是粉色。

过度性别化，指的是一切物品都按照刻板的性别气质印象，被打上性别的标签。比如，女性喝的饮料一定是粉色甜味，男性护理品一定清爽强劲、黑色包装。

二元性别被商业不断强化，认为年轻人会为这样的性别认同买单。"预设男士都爱清凉感，八十种问题都只有'清爽强劲'一个对策，清凉到脸疼……""卖衣服都流行不分男女了，卖水为什么要分男女？"

最后让我们回到美丽的模特萝杰拉的故事。

为了成为自己想要成为的人，萝杰拉19岁时接受了变性手术，之后前往纽约加入模特行业。她的纤秀身材使她获得不少内衣公司青睐，在随后的十年时间里成了纽约时尚圈的知名模特。但萝杰拉一直未曾透露变性的秘密，就连其所属的模特公司都不知道。在纽约的近十年时间里，萝杰拉每天都在担心身份被戳穿，担心大家认为她存心欺骗，以致失去客户，毁了自己的事业。直到2013年，她在墨西哥庆祝生日时，向男友表示决定公开自己是变性人的秘密，并向大家分享自己变成女性的全部过程。

萝杰拉隐藏了三十年，最终鼓起勇气向全世界公开了自己的故事。"因为我的成功，我从前没有勇气去分享我的故事。不是因为我认为自己的性别取向是错的，而是因为担心世界会如何对待我们这些打破常规的人。"所幸，世界没有像她担心的那样给予她负向的反馈，更多理解的声音出现了。

是时候收起性别偏见了。这个世界上的人从来不应该简单地贴上"男""女"的标签，一个人可以位于性别光谱带的任何一点。我并不在乎你是什么性别的人，更在乎你是谁。

第八章　爱不是简单的事

亲密关系是人类最公开、最庞大的秘密

　　世界上的爱都差不多，但关系却千差万别。你可能正在经历这样一种"爱情中的关系"：

　　你喜欢一个人，但你们不是情侣；

　　你遭遇了伴侣出其不意的背叛；

　　你拥有"备胎"，或者正在成为别人的备胎；

　　忍不住"吃醋"，常常感到负面情绪；

　　我不爱了，应该如何分手？

　　分手后，还要不要和前任当朋友？

　　……

　　在这一章中，我们聚焦于嫉妒、信任、背叛、分手、备胎这几个方面，一起探讨亲密关系的多样性，以及如何应对其中的困惑、不信任、愤怒等情绪反应。

嫉妒界限：我忍不住偷看她的聊天界面

当你的伴侣在社交软件上和别人偷偷聊天，或是眼睛总往别人身上瞟，跟异性出去吃饭却故意瞒着你，你会是什么感觉？你可能心中有一万匹生物奔腾而过，却还是要保持微笑。因为如果表现出吃醋的话，可能会被说小心眼。

吃醋是一种很难受的体验，因为不管你是否表达给对方，其实伤害都已经造成了。偷看伴侣的聊天界面，本质上也是一种吃醋的体验。

什么是亲密关系中的"嫉妒"

在亲密关系中，嫉妒，也就是我们通常所说的"吃醋"，被定义为一种自己的亲密关系被真实或假想的情敌威胁之后的情感反应。

嫉妒是一种令人痛苦的情绪，而且大多数人并不想承认正在经受这种情绪。因为承认嫉妒就意味着，你意识到伴侣被其他人吸引了，而且他（她）对于这种吸引力采取了确切的行动，你很生气、很在意，却无力阻止它的发生。

意识到这些以后，你可能会感受到多种讨厌的情绪——愤怒、不安全感、怀疑、憎恶等等，混杂在一起奔涌而来。但正如我们硬生生地不承认自己在嫉妒一样，我们也拒绝体会这些嫉妒引发的情绪。一句"我不在乎"，装作麻木可以挡住所有好的坏的情绪。当我们想要感受情绪时，听到的却往往是"×× 不相信眼泪""矫情"。当今的社会文化简直无法容忍情绪的存在，很多人认为谈论情绪本身就是一种忌讳。但实际上嫉妒是一种极为正常的情绪，如果你要经历爱，几乎一定会感受到嫉妒。

嫉妒的迹象

以下是嫉妒产生时的典型迹象：

- 害怕失去对方。
- 对对方缺乏信任。
- 对于真实或假想情敌产生敌意，从不相信有什么红颜、蓝颜，接近伴侣的人都不怀好意。
- 产生强烈的想要控制伴侣的愿望，随时随地查岗。
- 监视行为，例如，看对方的朋友圈、点进"情敌"的社交媒体探查，这种事情大家都懂。

当你在亲密关系中察觉到以上迹象时，可能就表示你们之中有一方在嫉妒。

嫉妒有什么益处

在某种程度上，亲密关系中的嫉妒是一种健康的情感，它的存在是有一定进化学意义的。进化心理学家将嫉妒视为一种保护伴侣不被别人偷走的行为。例如，在聚会中用你的手臂围护住自己的伴侣，这种类似于"宣誓主权"的行为被称为"伴侣保留行为"。

美国南加利福尼亚大学心理学教授尼尔（Neal）的实验证明，当一方实施伴侣保留行为时，双方对于一段关系的承诺水平都会提高。尼尔认为，嫉妒在亲密关系中是必不可少的。如果你在关系中从未吃过醋，这可能意味着你并不那么在意对方。当伴侣斜着瞟一眼你在和谁发微信时，他（她）有点吃醋的样子可能会让你感到安心，甚至有点喜悦。你之所以觉得放心，是因为感受到了对方在乎你。同时，嫉妒也是一个警示灯，当它亮起时，就在提醒你是时候审视一下彼此的关系了。一段趋于平淡的关系往往会使得两个人慢慢忽视它的存在。

专注于婚姻治疗的心理咨询师沙因克曼（Scheinkman）认为，"老夫老妻"经常会处于一种梦游的状态，双方都在这段关系中正常地行走着，却没有交流，甚至没有意识到对方存在，直到第三方的出现打破这种寂静。"很有趣，很多人从没有关注过自己的伴侣，直到他（她）被别人盯上。"

如果嫉妒有益，为什么还会破坏关系

重要的不是嫉妒这种情绪本身，而是我们如何应对它。伴侣保留行为是一个宽泛的范围，过分窥探、操控以及控制伴侣行为可能会降低双方的关系满意度。这其中的关键是，要认清你产生的嫉妒是反应性的还是怀疑性的。

如果你发现伴侣和前任有些奇怪的联系和举动，然后采取一定行动来阻止其继续发生，这说明你是善于感知的，你的嫉妒是面对真实情境产生的反应性情绪；但如果只是瞎猜忌，则会被认为"总是多想"，怀疑性的嫉妒很可能让你去反复验证彼此的关系，这最终可能真的会导致你们关系的破裂。比如，一些人习惯性地翻着伴侣的手机、电脑，这会让对方感到不被信任，没有隐私，而产生怀疑性嫉妒的一方却认为自己在试图"保护这段关系不受侵犯"。

嫉妒让我们变得更像情敌

你会模仿你的情敌吗？先别着急否认，心理学家埃里卡·斯洛特（Erica Slotter）的行为实验证明，我们不仅不会攻击情敌，甚至还会倾向于把自己变得更像他（她）。人们可能暗暗相信，伴侣被他人吸引，是因为情敌身上有我们所不具备的特质，小到发型、穿衣风格，大到性格，都有可能。我们为了留住伴侣，可能会不自觉地改变自己，模仿情敌。

嫉妒使我们可以为了伴侣改变自己，我们不能确定地说这就是一件好事或是坏事，但无论好坏，也无论你是否承认，它确实发生了。也许改变自己能重新吸引伴侣的目光，也许你从此拥有了一种新的特质。但改变是要有限度的，人要有底线。如果因为嫉妒，或是为了留住伴侣地不断地改变自己，甚至丧失了自我，那么就需要审视一下两人的关系是否存在其他更深层的问题了。因为此时的嫉妒也许只是一个表象。

女性更容易吃醋吗

研究发现，在亲密关系中，男性和女性产生嫉妒情绪的频率和强度大致相同。

男性和女性也倾向于因不同的因素触发嫉妒。对于男性来说，身体背叛更加令他们难以忍受，而情感上的出轨对女性造成的困扰更多。进化心理学家将这归因于人们在关系中所面临的不同方面的不安全感：男性更加担心性背叛，因为他担心自己投入的资源和照顾都给了隔壁老王的孩子；女性则要确保她们的伴侣对孩子有足够的情感投入，有足够的资源抚养后代。

现实是残酷的，但我们需要面对

持续处于一种不确定状态里的关系，的确是一件很有压力的事。你永远不能百分之百地确信不会失去你的伴侣，但这就是真真切切的现实，我们需要承认并接受它。"我们每个人都需要处理这爱情本身所带来的困扰。"沙因克曼说："的确，我的伴侣很爱我，但如果有一个对于他来说非常有吸引力的人出现，他或许也会爱上别人。这是我们都需要面对的现实。"

这种不确定性可以让我们避免变得自满，同样提醒自己：没有一个人能真正完全拥有另一个人。我们活在世上，所期望的只不过是与另一些人产生联结，并且尽一切努力让这些联结变得更深、更久。

如何正确地处理嫉妒

在电影《七宗罪》中，男主角约翰杀了代表另外五种原罪的人，而他自己也代表着一种原罪——嫉妒。约翰嫉妒警察拥有漂亮贤惠的妻子和美满的婚姻生活。于是他杀了警察的妻子，并把她的头颅割下来寄给警察。

嫉妒可以是一种健康的小情绪，也可以是一头猛兽。它是一种同时具有建设性和毁灭性的力量，如何运用这种力量来增强亲密关系是我们应该学习的。

1. 与伴侣协商"嫉妒界限"。经过与伴侣的协商，双方共同设置一些边界和规则，可以帮我们在一段关系中找到安全感与个人自由之间的平衡，既对于伴侣有承诺，也不丧失自己的独立性。

我有一个朋友，她和男朋友就约定过，可以和异性一起吃饭，但是不能深夜约异性喝酒；可以和一群异性出去聚会，但不能单独约某个异性去看电影。

设立这种界限的目的并不是为了捆绑对方，而是在给对方自由的前提下，也让自己感到心安。

2. 建立关系中的安全感。当关系中的一方出现"嫉妒"的时候，往往是关系中的安全感被破坏了。

这个破坏有可能来源于其中一方个人的创伤：比如他在任何与他人的亲密关系中，都经常体验到嫉妒的情绪——这个无关他伴侣的行为，他总是可以从关系中找到去嫉妒和猜忌的理由。这样的情况下，寻求专业的心理咨询帮助来疗愈个体的创伤会更有效。这个过程中伴侣的另一方也可以更多地放下羞愧或无力的感受，在更被信任的关系中来陪伴他。

安全感的破坏也有可能来源于一方的破坏性行为，以及由此带来的双方间糟糕的互动模式。指责和猜疑往往会激活关系中更多的羞愧感和愤怒感，以及不被信任所带来的受伤的感受。可以尝试用询问和试图理解来替代指责，去理解对方为什么这么做、出于怎样的意图和原因。在安全的感受中，一起去理解彼此真正想要表达的是什么，以及期待对方如何行动。

理想状况下，一段亲密关系中需要一个人清楚地表达自我的想法、愿望和需求；也尝试帮助另一方去这样做。在双方彼此理解的基础上，一起来形成属于两个人彼此的规则和共同愿望。当伴侣中的一方行为发生改变，关系中的另一方必然需要通过新的方式来沟通和行动。这样两个人能够形成"我们"，这是亲密关系中最珍贵的事情了。

煤气灯下：如何避免被情感操控

何为煤气灯人？如果你感觉这个词很陌生，那么朋友，你听说过 PUA 吗？

PUA（Pick-up Artist，把妹达人），一个近年来广为人知的群体，与其相关的理论亦被称为"泡学"。

大量不善交际的尝试者，几经辗转购入高价 PUA 课程，并将其珍视为"江湖两性秘籍"。但同时在更多人眼中，PUA 群体也沦为过街之鼠，人人喊打。

但你真以为自己能摆脱 PUA 吗？——答案是"不"，甚至也许你在浑然不知的情况下正在进行着"情感操纵"。

PUA，其实就是一种煤气灯人

现今意义上的 PUA，上可追溯至 1944 年，由美国导演乔治·库克（George Cukor）执导的一部惊悚片《煤气灯下》(Gaslight) 中的主角安东。

在电影中，钢琴师安东为了将妻子宝拉所要继承的大额财产据为己有，一面将自己伪装成潇洒体贴的丈夫，另一面又不断使用各种心理战术，联合家中的女佣企图将妻子逼疯。

在丈夫缜密的心理操纵下，宝拉逐渐变得神经兮兮，怀疑现实、质疑自己，最后在精神上几乎完全依附于安东。

这种试图破坏他人对现实感知的情感操纵，也因该电影而得名为"煤气灯操纵"（gaslighting）。下面我挑选了几个经典的煤气灯操纵片段让大家品品：

Part1 信息封锁：在一段时间内不断重复强调某一信息。

安东和宝拉新婚满三个月时，外出去伦敦塔游玩。出门前安东送给妻子一枚小巧的白色胸针，声称是母亲去世前留给他的，并嘱咐宝拉把它收好。

此时安东略显刻意地强调了一句："你可能会弄丢，你知道的，你经常丢三落四"。这是电影中安东第一次对宝拉实施煤气灯操纵，也是宝拉初步对自己产生怀疑。

但是在二人离去之后，两位女佣之间的对话又再次佐证了，宝拉从未体现出任何异常。但是男主人安东，却不断向她们传输"女主人生病了"这一信息。

如果说此时，仆人们还对女主人生病一事有所怀疑。那么接下来的事情，就令他们对于这一言论深信不疑了。

当天游玩结束后，安东便以饰物常年未佩戴需要修理为由，向宝拉索要胸针。由于安东从一开始就并未将胸针放入宝拉的手包，而是偷偷将其藏在手心转移至别处，宝拉自然无论如何都找不到胸针的踪影，还以为是自己不慎遗失，十分懊恼。

安东借此机会再次强调宝拉"记忆力不好"一事：

"你真的有将它放进去吗"，宝拉不甘心地又问了一遍安东。

安东并没有立刻反驳，而是反问宝拉，"你连这也不记得了？"

此时，因丢失胸针而产生的内疚、自责，外加安东使用虚假信息进行的旁敲侧击，宝拉对自己记忆力的信心彻底动摇。

家中女佣在亲眼见证了此事后，也开始相信宝拉确实"有病"了。

Part2 激起宝拉嫉妒心，再批判这种情绪不正常。

安东在与宝拉二人独处时，怂恿她唤女佣上楼点燃煤气灯。趁着年轻貌美的女佣点灯之际，安东便凑过去言语轻佻地与其大肆调情。此时宝拉已极为不悦，表面上故作镇静地看书，实则是在旁听二人的对话。

待女佣走后，宝拉便质问安东为何要这样同女佣说话。安东解释称，自己只是"想将她当成平常人，而不是下人"。

如果说到这里也还算解释得通，接下来安东进行的就是骚操作了。

当宝拉委屈地表示，安东与女佣这种过分亲密的相处模式会让她们瞧不起自己时，安东却将矛头转向宝拉，直接坐实她"精神出了问题"这一说法。

"你又在胡思乱想了……你生病又妄想，我会很难过。"

安东的反应真的是"是你想多了"的无敌高阶进化版，渣男中的语言操纵大师。

Part3 关系封锁：限制宝拉社交，将其禁锢在自己身边。

当邻居老太太要来拜访二人（尤其是旧交宝拉）时，安东显得十分暴躁，生气地说，"别让她总来烦我们了"。并且由于担心日后无法全面控制宝拉，命令女佣以"夫人身体微恙"为由，拒绝了这位不速之客的来访。

而当宝拉委屈地询问丈夫，为什么要这么做时。安东换上一副关切的面孔，将其归咎于宝拉的表述不清，"我以为你只是礼貌回答而已，你想见她为什么不告诉我呢"。

可事实是，他从始至终都没有给宝拉说话的机会。

在之后的一次宴会上也是如此。安东不愿意让宝拉出现在众人面前，在未告知宝拉的情况下就拒绝了主人的邀约。宝拉得知后十分生气，坚持要出席。安东吓唬她说，那你只能一个人去了。可是这句话并没有阻碍宝拉，她表示自己一个人也可以去。

见妻子如此坚定，安东只好立马转变态度，表示自己只是开了一个玩笑。说完忧心忡忡地上楼，一边穿衣一边思考对策。

安东前后反差极大的态度，被这黑白影片中摇曳的煤气灯影衬得更显可怖。

这种把事实刻意扭曲、选择性删减，持续使用否认、矛盾、误导和谎言等方式，使被操控者怀疑自己的记忆力、理智和精神状态，乃至自我存在价值的操纵方式，不就是传说中的 PUA 教程的核心吗？

而当这种情感操纵的对象不再仅仅局限于陌生异性，而是进一步延伸到朝夕相处的朋友、同事、伴侣、甚至是家人身上时，PUA 一词就显得过于局限而不再适用了，将其定义为"煤气灯人"则更加准确。

煤气灯人比你想象得更常见

"对某人进行情感操纵"并非大多数煤气灯人的本意，毕竟，极少有人会处心积虑地折磨自己爱的人。

然而，陷于各种复杂关系中的人们，多从相处初期的"我爱你，所以我甘愿为你付出"，逐渐发展到打着关心的旗号不断进行要求和索取，认为自己做的都是为了对方好，从而演变成"我爱你，所以你应该听我的"。而这一看似被正当化的出发点，让自己的爱在不经意之间就慢慢变了味儿，成为令人窒息的煤气灯人。

一些煤气灯人可能从未注意到其所作所为产生了负面效应，但他们能明确感知到，自己想要控制他人行为的强烈冲动。

这类人在亲子和夫妻关系中较为常见。例如,一些父母在日常生活中与孩子交流时,习惯性地对其进行打压,否认孩子自己的感受、认知和判断,使得这样的孩子自幼年起便从内心对父母造成非正常的心理依附,认为自己"做什么都是错的",从而全盘接受父母的安排。

想想你是否也听过或曾说过这样的话——

"你很马虎,数学也不行。"

"你可不可以不要疑神疑鬼的了?你想多了,我和她什么都没有。"

"你的腿好粗啊,真是个小胖子。"

"你要是爱我的话当然就该做出这些改变啊,不然你就是不爱我……你是不是不爱我了?"

"可是我是你的男/女朋友啊,你难道不应该×××/××吗?"

"你脾气太差了,除了我没人受得了你。"

一旦这些话从身边人的口中听得多了,人们便会在潜意识中开始相信——我永远也学不会数学;我的疑心病太重了,这是在主动破坏我们良好的关系;我又胖又丑,要把腿上的肉肉遮起来才能见人;我在感情中做得不够好,我是一个差劲/失败的人;没有人会喜欢我……

虽然说以上现象并不一定出自主动的煤气灯操纵。但是,隐藏在这些话背后的,就存在着操控者想要改变你,使你顺从的意图。你的负面情绪便来自于这些,外界只因一时的判断就为你贴上的标签。它们有失偏颇，但又影响深远。

建设性的批评是有益于自身发展的，而持续的、负面的批判会严重打击人的自信心。当一个人本身就不够自信时，他／她就更容易被这些标签所影响、被打击，一蹶不振，甚至开始不断给自己心理暗示——我放弃改变了，这就是真正的我。

正如帕翠丝·埃文斯（Patricia Evans）在《不要用爱控制我》（*Controlling People*）一书中写道，"如果我们总接受别人对自己的定义，就会相信他们的评价更加真实"。

煤气灯人的主要表现

电影《煤气灯下》中的操控者为了达到自己的目的，会使用一切必要的手段去控制他人。因此，他们往往将自己置于感情中的主导地位，并且希望自己是影响被操纵者的唯一来源。以下是操纵者们可能会在关系中表现出来的10点迹象：

1.较为自恋、以自我为中心。

2.利用你的弱点进行嘲讽、攻击，批评你的一举一动，贬低你的自身价值。

3.树立权威，假装自己无所不知地了解你，甚至试着说服你，你所相信的是错的，是在进行自我欺骗。

4.试图让你相信，除了他们以外所有人都在欺骗你，会做对你有害的事情。

5.让你觉得你的想法和感受并不重要。

6.使你怀疑自己的理智。

7.他们并不一直对你很差劲，时不时地会给你一些甜头，不断使用正强化和负强化去操纵你迎合他们的要求做事。这种情绪、态度上的不稳定使你感到困惑，并开始质疑一切。

8.倾向于选择性记忆，他们有时会否认自己说过的话和做过的承诺。

9.由于认为自身的形象应是"高大的"，一旦出现问题便推卸责任，并通过撒谎、掩饰等方式将错误归咎于你或者他人。

10.善于扭曲事实，并给出一个既长、又非常复杂的论证过程使其更有利于证明自己的观点。

如何避免被煤气灯操控

那么，如果遇到了煤气灯人，我们该怎么做才能免遭其控制？以及，如何避免我们自己成为一个煤气灯人？

首先，认清自己，相信第一直觉。

在评价自我时，应坚定立场，相信自己的直觉。他人对于我们的评价往往只是基于部分现象所做出的，能起到辅助和借鉴作用，但并非严格的定论。若完全通过别人的观点来认识自我，只能使得我们对自我的认知更加模糊。

第二，不断丰富社交圈。

一旦封闭自己，就等于削减了自己的信息获取来源，继而更容易相信"一家之言"。孤立自己相当于给予别人更多的专断控制权。因此，我们应让自己不断接触新的朋友、扩大自己的社交圈，接受来自多渠道的思想。一旦遇到心理上的疑惑，也可将问题抛给一些我们信任的人，以免在独自解决问题时钻牛角尖。

第三，拥有犯错的勇气。

大多数被操控的人，都是极度自卑、害怕缺点被暴露于大庭广众之下的人。不愿自己做决定，也不敢直面事情的结果，因此过于依赖他人的判断和评价。那么，首要事项应是认识到人人都是会犯错的，接受自己的"不完美"。从小事开始，为自己做决定。

第四，学会承担责任，掌管自己的生活。

记录下生活琐事、工作任务、行程安排等，从而做到对自己的生活心中有数。这是一个好习惯。保持生活和工作的井井有条，可避免自己过于依赖他人，轻易使自己陷入混乱危机。

第五，永远爱自己。

主动发现和记录自己的优点，哪怕它很小，很容易被忽视。比如，时常告诉自己，"我弹钢琴弹得很棒""我抓娃娃技术一流""虽然这件事我没做好，但是我在积极寻找补救办法了"。对于敏感且容易自卑的人来说，学会阿Q式精神胜利法未必不是件好事。

第六，寻求专业人士的帮助。

一旦确认自己已经被煤气灯操控了，我们应尽快、主动地做出一些行动，以打破对方的操控。操控者之所以能够持续操控，正是因为我们被引导着做出了他们预想的反应，这使他们发现操控是有效的、能够达到目的。若我们反其道而行之，不给予他们所要的反馈，则有助于改变这一模式。而当自己没有办法完全逃离操纵者的掌控时，请积极寻求外界力量。

最后，如果意识到自己也或多或少存在着类似的情况，并感到内疚。请记住，我们首先应原谅自己——我们并非圣人，也并非主动去施暴——然后立刻、马上与你的亲人朋友等受害者去沟通，请求他们的原谅、向他们寻求帮助。

永远不要试图以爱为名义，去合理化情感操纵这一行为。爱应是深深的理解与接受。美国人本主义心理学家卡尔·罗杰斯（Carl Rogers）曾说：

真正的爱是建立在尊重与平等之上，任何以爱为名的打压与践踏都是爱的谎言。

疗愈背叛：被出轨的心伤如何恢复

你能接受伴侣的出轨行为吗？

很久以来，人们都更关注自然灾难给人带来的心理上的创伤，比如地震、海啸，但有一种心理创伤人们常常避而不谈，它带给人们深刻的伤害，很多人甚至会出现典型的创伤后应激障碍（PTSD），这就是亲密关系中的背叛创伤。

信任是欺骗与背叛的前提

在讨论亲密关系中的欺骗与背叛之前，我们需要厘清一个概念，那就是信任。只有曾经信任过一个人，你才可能在后来被欺骗、被背叛，信任是一个前提。

不同领域的学者们都将对他人的信任视为最核心的社会资产。信任大体上可以分为两类：一类涉及熟悉的小圈子中的人，称为"殊化信任"，比如朋友、伴侣、父母；另一类则关乎广大的不熟悉的人群，称为"扩散信任"，比如陌生人、权威。

信任是如何产生的？总结学者们的观点，大概可以看出，信任的建立与认知、喜爱、直觉，甚至对方的威慑力和身份有关。经过思考和判断，我们相信对方有责任感和能力，相信他们在这段关系之中的善意，信任便渐渐形成。

实际上，当我们决定信任一个人时，也就在无形之中让渡了自己的许多权利，而其中最核心的就是赋予了对方伤害我们的权利。毫无疑问，这是有风险的，但是由于我们判断对方不会这样做，因此将自己的脆弱、利益……统统交付到对方手上。

某种程度上，信任的产生像是在心里长出一棵盘根错节的树。由此，当我们投注在别人身上的善意的信任被践踏时，往往需要很长时间才能平复，这就是背叛创伤——当我们信任的乃至赖以生存的他人（或组织）伤害了我们的信任感与存在感时，创伤便发生了。

亲密关系中的背叛创伤

被任何一个信任的人欺骗，都会让我们感到痛苦。那么，如果是最亲密的人欺骗并背叛了我们呢？

其实，对于大多数遭遇伴侣背叛的人而言，最深的伤害并不来自于婚外性行为或外遇事件本身，最让人受伤的是，投注在最亲近的人身上的信任和信念被撕碎了。

2006 年的一项研究表明，意外发现爱人不忠的女性，会出现与创伤后应激障碍特点类似的急性应激症状。此外，在实际工作中，心理咨询师和相关的研究者也发现，"被背叛"会对一个人产生长期的创伤和影响。如果被背叛的一方以为自己投入了一段健康、有所依恋的关系，那么出其不意的背叛会带来极大的伤害。

在亲密关系中，因遭遇背叛而出现的典型行为包括下面几个方面：

- 情绪不稳定：反复哭泣，在愤怒、悲伤、充满希望三种状态间来回切换。

- 敏感易变：不断地搜集不相关的事件，以证明对方会再次背叛自己，容易被一丝可能的有关背叛的线索诱发，从而进入焦虑、愤怒或恐惧状态。比如，伴侣晚归、快速关电脑，或者盯着一个有吸引力的异性太长时间，等等。

- 出现后遗症：失眠、做噩梦、注意力不集中、孤僻、逃避思考和讨论创伤（这也是创伤后的常见反应）。

- 出现强迫行为：如强迫性消费、进食、锻炼等。

出轨这件事客观上是不是已经过去了并不重要，只要欺骗开始，遭遇背叛的人就会在各种能反映自身痛苦遭遇的情境中唤起种种反应。除非数年甚至更久时间之后，要么两人之间的信任已经重建，要么断绝关联，不然遭遇背叛的人依然可能在各种情况下产生不信任、愤怒、丧失等种种情绪反应。

面对背叛，我们会有哪些反应

对于受害者而言，被背叛不仅是一种伤害，也是一种侮辱，你的判断、直觉、能力，统统被证明是错误的。最重要的是，这份痛苦和丧失并不是来自随便什么人，而是来自自以为最值得信任、最靠得住的那个人。试想一下，你愿意将自己最私密的心事分享给最好的朋友，对方承载着你最深刻的情绪和最坚实的意义。突然之间，一切都在谎言、操纵和不在意中停止，将你的情绪世界整个撕碎，这一切无疑是痛苦且无法忍受的。

正是因为背叛这件事情如此残酷，所以人们大多数时候其实并不肯面对真相，哪怕事后看来是那样明显，但在蛛丝马迹面前，我们宁愿相信，对方是爱我的。

遭遇背叛之后的一种情况是，那些猜疑的伴侣们会在很长一段时间中否认现实，认为另一半并没有欺骗自己或出轨，"他是真的需要工作到半夜"。有时候，面对对方满满的谎言、精巧的防御与伪装，被欺骗的人甚至认为自己才是问题所在。他们会责备自己，认定是自己不稳定的情绪造成了当前的状况，"肯定是我太神经质了，太不信任人了"。而这几乎是另一种变相虐待。就像我们熟知的那些被父母虐待的孩子一样，他们明明是正确的、没有犯错的，但他们的大脑却否认现实情况，认为一切都是自己的错。这一切正是创伤产生的基础。因为与背叛者关系过于亲密，遭遇背叛的一方往往被遮蔽了双眼，成为最后一个知道真相的人。

另一种情况是，当背叛被坐实，遭遇背叛的一方尽管承受着巨大的痛苦与愤怒，也会倾向于认为自己不需要帮助，不需要处理那些情绪。他们认为，是出轨的伴侣造成了这些伤害与痛苦："该去治疗、去寻求帮助的应该是他们！还有那个第三者！"

遭遇背叛的人当然会感到愤怒、怀疑、受伤和困惑。但更重要的是，他们需要面对自己汹涌的情绪，需要悲悯并哀悼自己因背叛而被撕裂的生活，需要处理因被欺骗而产生的羞耻感，需要修复自己并继续前行。

还有很多受害者因为遭受的创伤过于巨大，甚至需要非常详细的情绪指导。例如，如何管理痛苦和愤怒，如何设置合适的边界，如何处理潜在的健康问题，等等。

如何处理亲密关系中的背叛创伤

大部分有关不忠的讨论都在关注如何修补亲密关系，但其实更重要的，是修复受到创伤的当事人的内心。他们才是需要帮助的人，而关系不是。

下面是能够帮助到他们的几个方法：

1. 帮助他们停止指责自己。和许多社会现象一样，在亲密关系里也会有"谴责受害者"的现象出现。人们会倾向于认为，一定是受害方做了什么才会遭遇背叛。这也会引得受害方自责，"我一定做了什么才让他背叛我""我是不是太蠢了""我一定是太天真了"。

2. 停止不间断的幻想。遭遇背叛的一方会不断出现强迫性的行为或者想法（这种状态也出现在 PTSD 的症状中），比如反复地回想过去的细节。这时候要告诉他，停下来。

当人们遭遇情绪困扰的时候，经常会不断地回溯细节。这的确会给人带来一些控制感，但同样会带给人一种假想，"如果我以前做得更好，那么也可以改变他"。然而事实并非如此，对方的思考和行为你无法改变。

3. 帮助他们清晰地界定什么是伤害自己感情的行为，想清楚自己的"底线"。如果有可能，和对方沟通达成共识，这是我们唯一能够做到的。

4. 给他们时间和空间来缅怀和哀悼那些在创伤中失去的东西。曾经以为会相爱到永远的人却爱上了别人，遭遇的那一刻，受害方最初的纯真、信仰甚至梦想也被偷走了，他们需要重新建构对他人的信任，重新尝试交流。这是最难的部分，在这个过程中，我们需要给他们多一点耐心。

5. 重建自我和自信。很多时候，人们会用生活中得到的爱衡量自己的价值。但当我们将自身的价值系于工作、财富或者其他外在之物上时，我们反而更容易觉得自己没有价值。然而，人们可能会从自己从不敢料想的困境中治愈，接受那些已失去的。发现周围朋友、家人的那些曾被你忽略的关爱和价值，会更看清自己，更懂得如何与自己相处。

其实，在任何亲密的关系里面，人们都有可能遭遇或轻或重的背叛。在这些时刻，最重要的不是决定是否继续在一起，延续重要的关系（即便是匪夷所思的伤害，仍然有一些人选择继续信任，这是他们自己的决定），而是在经历丧失与创伤之后，如何看待世界、看待他人、看待自己，如何继续生活和成长。

依恋类型在我们还是婴儿时就已经形成，不同依恋类型的人，会用不同的态度看待关系，用不同的方式处理问题。

扫码回复暗号"依恋"免费获取"依恋类型测试"希望对你建立更健康的互动模式有所启发。

囤积安全感：备胎与暧昧是人类的天性

你是否经历过或正在经历这样一段关系？你喜欢一个人，但你们不是情侣。对方总是会回应你，也会和你出去玩，却从不推进关系，回避一切可能意味着承诺的行为。当你试图拉开与对方的距离、让关系退回到自己感觉舒服的状态时，对方又会主动来联络你，给你一些希望，把你拉回到身边。

提到"备胎"这个词，大概很多人都有一个伤心的故事。智商再高、能力再强、再才华横溢的人，都可能在这个问题上翻车。

"备胎"其实是亲密关系中的正常现象

在正式开启这个话题之前，希望大家暂且收起对过往经历的回忆，理智冷静地往下读。

杰森·迪布尔（Jayson Dibble）教授专门研究备胎现象，他给"备胎"（back burner）这个词下了一个温和且专业的定义：尚未得到对方的承诺，仍然维持一定程度上的交流，为了将来有可能保持或建立浪漫关系或性关系。在迪布尔教授针对美国大学生做的调查中，有 72.9% 的学生表示他们至少与一个人保持联系，即使已经处于一段关系中，也有 55.6% 的人有备胎，单身大学生一般会有六个备胎，而已经有对象的平均会有五个备胎。

此外，这次研究还惊讶地发现，就存有的备胎数量而言，单身者与非单身者之间并没有显著差别。也就是说，并不是单身的人备胎就多，非单身者就没有备胎。即使正在给别人当备胎的人，可能自己也有几个备胎。

原因也许就在于，备胎关系本身就是人类情感中的一种正常现象。

人为什么需要备胎

1. 对不确定性的恐惧。

每个人都需要一定的掌控感，然而人生本就充满不确定性，亲密关系也并不总是安全可控的。为了克服这样的不可控性，避免受到伤害，很多人会选择用找备胎的方式控制亲密关系的走向。如果我们真的喜欢某个人，但又感觉"即使我真能跟他在一起，最后也很可能会失败"，就很可能一边继续尝试靠近他，一边再保持几份备胎关系，用来弥补失败的可能。

2. 对依恋感的需求。

需要备胎的人可能是因为对于被爱与陪伴有着大量的需求，于是，他们做出了在别人眼中看起来像是"套路"的行为：只愿以最小成本换取最多的亲密感，却不愿意做出切实的努力，拒绝承担真实亲密关系中的风险。

3. 网络一线牵。

各种即时通讯的网络应用，让建立备胎关系变得太过容易。找个备胎，可能只需要发发微信、给对方朋友圈点点赞。

这种便捷性渐渐让我们习惯于即时满足，当我们的对象没有立刻回复消息时，我们很容易就可以找另一个人聊天，人们在结束一段关系后，会非常希望立刻开始一段新的关系。相比信息不发达的年代，"找胎""养胎""换胎"的成本实在是大大降低了。

为什么有人愿意当备胎

为什么有人明知自己是备胎，还不肯放弃？

一个很重要的点就在于，多数人不愿意放弃"沉没成本"：当人们发现自己正在经营一段可能失败、甚至注定失败的感情时，很可能会继续追加投入，持续付出。这可能是因为人们存在"自我申辩"的倾向，即试图合理化自己的付出、为自己的付出作辩解。我们常常不愿意承认自己选的人是错的，难以接受已经付出的精力、情感在没收到任何结果的情况下忽然终止。在某种程度上，这也类似一种赌徒心态，投入的越多，越想继续加大投入，总盼着哪次投入能大赚一笔（得到喜欢对象的认可），弥补损失。

此外，当备胎的另一种原因在于人们的原生家庭和成长过程。当一个人从小到大很少感受到来自他人的肯定，经常被压抑感情，就更容易当备胎，以从中获取一种被关爱、被需要的体验。这种情况下，即使对方并没有表现出太高的热情，也会让备胎感受到被回应、被重视。不管是否得到认可，这段关系都会让备胎得到一份感情寄托，并从中得到安全感。他们害怕离开这段关系后，无法找到另一个感情寄托。一旦点破这种备胎关系，或者让备胎主动放弃这段感情，他们很可能因此失去安全感。所以很多人明知自己是备胎，也难以离开一段关系。

备胎关系的裨益

如果我们沉迷于"备胎关系"，究竟会带来什么影响呢？也许你已经体验过一二，但可能还有一些你不知道的影响。

1. 会在下一段关系中变得"不愿付出"。

当一个人在一段关系中感受不到"公平"，认为自己总是在付出而没有回报，他一方面会对付出失去信任，不再相信付出就能得到回应；另一方面，他会希望能在下一段关系中得到补偿，通过向另一个人索取，来弥补自己过去没有得到的爱。

2. 会打击自尊。

这和归因方式有关。如果备胎认为"成为备胎"的责任都在自己身上，就会陷入自我怀疑：是不是我不够好，所以无法在一起。但请记住，关系中的责任都是双向的，如果是一方不够好，那其爱慕对象本可以喊停这段关系或是拒绝备胎的付出，但对方并没有那么做。

除了上面两点负面影响，备胎关系还可能带来一些正面影响。

有些备胎可能会在这段感情经历中，认清自己想要什么样的情感关系。比如，想要双方平等付出，想要得到承诺。他们也开始学会辨识对象，在以后的关系中，有备胎经历的人可能会更容易分清哪些人是真心付出，哪些人只是把自己当备胎。所以，人类的浪漫关系远不止约会、结婚这么简单。备胎的本质也可能是不好也不坏的，它可能会有助于我们寻找真正的亲密关系。

如何科学无害地处理备胎关系

说了这么多，那我们到底应当如何对待备胎关系？如何从一段备胎关系中得到最多的成长和收获呢？

首先，如果你正为自己成了备胎而纠结，或者为自己有备胎而羞愧，你应该认识到，这并不一定是一段完全消极的关系，相反，它反映了亲密关系的多样性。

然后，判断一下当下的关系是否妨碍了你获取一段真实的亲密关系。倘若这种备胎关系妨碍了真实的亲密关系，比如影响你开启下一段恋情，或者让你在一段恋情中心神不宁，那不妨思考一下，面对这段备胎关系时，你真正的心理和状态是什么？

有说法认为，一段关系的维持有三个要素：满意度，情感投资，是否有可靠的替代者。备胎的质量越高，代表着可替代的人越可靠，越影响关系。因为社交网络可以随时随地和任何人获取联系的特性会不断提醒你：你有备胎。备胎关系如果是你逃避真实关系的方式，那它很可能是需要改善和逃离的。

从另一个角度来讲，假如你很清晰地意识到自己正处于一段备胎关系，这段关系也没有妨碍你寻找真正的亲密关系，那不妨换个心态，尽可能从中发掘它的正面意义。当我们以"认清自己到底想要怎样的情感"为目的，也许备胎生活也能变得快乐有意义。

感觉适应之敌：爱情也有"最佳赏味期"吗

"我觉得爱情不像之前那么甜蜜了。"一个朋友说。

她在 13 个月前遇到了现在的恋人，两人很快坠入爱河，开始了一段热烈的恋爱。朋友在去年圣诞节的时候还一脸甜蜜地告诉我，"我很确信这个人就是我的白马王子"，结果 4 个月后，她开始抱怨这段恋情的浓度不如人意。

爱情的保质期到底有多长？这大概是每个陷入爱情的人都想弄清楚的谜团。有研究者给出过一个答案：18 ～ 30 个月。美国康奈尔大学教授辛迪·哈桑（Cindy Hazan）调查了全球来自 37 种不同文化背景的 5000 对爱人。他对这些情侣进行医学测试和面对面访谈后，得出如下结论：18 ～ 30 个月的时间已经足够让男女相识、约会乃至结合和生子。

这一系列过程结束后，恋爱双方都不会再有心跳及冒汗的情况。哈桑说，爱情其实是大脑中的一种"化学鸡尾酒"，是由化学物质多巴胺、苯乙胺和后叶催产素组成。时间长了，人体便会对这三种物质产生抗体，"鸡尾酒"便会"过期"。之后，男女要么分手，要么便让爱成为习惯。如果你还相信爱情的话，这个答案或许会让我们感到失望。

然后我们会做些什么呢？在一段感情丧失了最初的激情之后，便转投下一段感情的怀抱？或者勉强自己停留在索然无味的感情中，一天一天地将爱情过成习惯？

其实，你的爱情也许并没有发生变化，真正发生变化的是你。

爱情的"费希纳定律"

伴侣还是每天临睡前给你道晚安，你却觉得少了一些温柔和热情。你们还是每次分别之前拥抱，你却不再脸红心跳，而是像吃饭刷牙一般平常。你抱怨爱情越来越淡薄，不像最开始的时候那样充满激动、甜蜜和兴奋。但大多数情况下，爱情没有发生变化，是你越来越不敏感了。

心理学中，有一种现象叫作"感觉适应"，意思是长期施加同一刺激，你会感觉刺激越来越小。想象一下这样情景：深夜，你挣扎着从床上爬起来，张开双眼，眼前却是一片漆黑，伸手不见五指。过了几秒钟，你感觉房间渐渐亮了起来，开始能看清房间里桌子和衣柜的轮廓，借着窗户透进来的星光，你甚至能够看清身边物体的颜色。现在，你不用打开电灯，也能够轻松自如地走出房门，而不会一头撞在墙上了。这就是"感觉适应"的一个例子——对黑暗的适应。

德国心理学家韦伯（Ernst Heinrich Weber）从 1830 年开始，在莱比锡大学围绕人类的感知能力进行了一系列实验和研究。韦伯的研究从"肌肉感觉"开始。他找来四名志愿者参与实验，让他们掂量三套不同重量的物体的重量。比如先把 30 克的体物放在被试者手上，再换成 31 克的物体。两个物体的重量差是 1 克，此时被试者能够分辨出是不同的物体。可一旦换成 60 克和 61 克的物体，被试者便无法分辨，但他们能够分辨 60 克和 62 克的物体。也就是说，人们能分辨出的增加的重量与原重量的比值是个常数，都是 1/30。

韦伯得出结论："观察两个对象间的差异时，我们所觉察到的不是绝对的差别，而是相对的差别。这是在几种感官内都曾经得到证实的观察。"

他的学生费希纳（Gustav Theodor Fechner）发展了这一结论。他设计了一系列实验，用来测量物理刺激的强度及其引起的人的心理变化量。他从研究中总结出了一个公式——人的感觉强度和刺激强度的对数成正比。

这个公式被称为"费希纳定律"。用通俗的语言翻译一下，就是说，当物理刺激超过一定强度后，人的感觉会越来越麻木。

遗憾的是，费希纳定律似乎也适用于爱情。随着恋爱时间的延长，对方做出相同的爱情行动，你的感觉却会越来越弱。

回想一下，当喜欢的人第一次送上美丽的鲜花，说出甜蜜的示爱言语，你可能激动得眼泛泪花，心跳不已。但随着恋爱时间的延长，对方依然付出同样的时间和精力准备这些爱情的礼物，你的感受却越来越麻木，没有了最开始的脸红心跳。

感觉适应能力是有机体在长期进化过程中形成的。适应机制有助于我们精确地感知外界的事物，从而调整自己的行为。外界环境的变化十分巨大，如在夜晚的星光下和白天的阳光下，亮度相差达百万倍，如果没有适应能力，人就无法在变动着的环境中精细地分析外界事物，做出较准确的反应。

但在爱情中，感觉适应却成了爱情的杀手之一。随着恋爱时间的延长，我们越来越难以满足。就算对方始终保持着同样的感情热度，我们也会觉得爱情在不断降温，最终变得乏味平淡。

爱情如何逃脱"费希纳定律"的陷阱

难道就没有办法长期保持爱情的浓度吗？

答案是有的。注意到了吗？费希纳定律只适用于"同一刺激源"。这就带给了我们一个破解费希纳定律的秘诀：在爱情中，不断引入新的刺激源。

我们为此设计了这几个聪明的方法：

1. 不定时地给对方创造惊喜。

创造新鲜感的秘诀之一在于，让对方无法预料到你的行为。当你让对方产生意料之外的惊讶，你的举动就会给对方带来更强大的刺激感。要产生这种效果，你可以不要让对方预测到你的时间，或者不要让对方预测到你的动作。心理学家尼基·马丁内斯（Nikki Martinez）说："我认为做一些与众不同的事情很重要。仅仅因为你们在一起很久了这件事本身，就值得你们庆祝这一天并使它变得特别。尝试一家新餐馆，租一间漂亮的酒店房间，一起洗个澡，在卧室里尝试你一直不好意思说出口的新事物。"

你可以随机选择在某天下班之后，准备一桌浪漫的晚餐，或者使个小坏，在你们共同庆祝生日之前告诉对方来不了了，然后在他无比沮丧的时候突然出现。对方可能会惊喜地给你一个大大的拥抱。你们也可以每周末抽出一天时间，一起去探索城市，共同参与有趣的活动。比如，去尝试新开的米其林三星餐厅，聆听小提琴音乐会，参与先锋艺术家的行为艺术展览，或者来一次短途旅行。这些方式会让你们在一起的时候，充满新鲜的体验，而你们的感觉会自动将这种美好的感受和对方联结在一起。

2. 主动学习新事物，让对方发现你的不一样。

我们在爱情中，总是十分享受最开始一点点了解对方的过程。这种感觉就像在阅读一本有趣的书。我们总是充满好奇，猜想后面还会有什么不知道的事情。但随着爱情时间的延长，我们对对方袒露的东西也越来越多，到最后甚至双方已经没有彼此不知道的秘密了。这就像我们已经将一本书读到了尽头。再好看的书，多读几遍、滚瓜烂熟之后，魅力也可能不复当初。

如果能够持续学习，让自己总在成长，总在学习新的技能和思维，我们便是在不断续写自己这本书。还要提醒自己，主动让对方感受到我们发生的新变化，比如提升到了新的岗位，就可以顺便和对方聊聊自己的新工作和新的思考，学会了做一道新菜，那么不妨在对方面前小露一手。让对方持续去追看一个没有完稿的故事，对方才会充满兴趣，热衷阅读你这本永远在续写的书。

3. 在积极沟通中加深对彼此的了解。

沟通在亲密关系中有着极其重要的作用。对伴侣们来说，无论是言语沟通还是非言语沟通，它们的效果积极与否，都将对亲密关系产生巨大的影响。

很多研究表明，在取得了自我表露和尊重隐私之间健康平衡的条件下，言语沟通中的自我表露与吸引力、亲密感、幸福感的程度呈现正相关。非言语沟通在亲密关系中同样有着重要的作用，有研究者认为，伴侣们运用非言语沟通的敏感性和准确度能预测他们在亲密关系中的幸福程度。

那么，什么样的沟通方式会让伴侣感到满意舒适呢？人际沟通专家丹·卡纳里（Dan Canary）和劳拉·斯塔福德（Laura Stafford）从数百篇研究报告（包括 500 篇大学生的学期论文）中总结出了以下十点：

1. 积极性：努力表现得快乐，举止优雅，尝试使亲密交往令人愉快。

2. 开放：鼓励对方表露想法和情感，寻求讨论亲密关系的机会。

3. 保证：强调自己对对方的忠诚，暗示亲密关系有着美好的未来。

4. 共有社交网络：关注伴侣双方共同的朋友和社会关系，表示愿意与对方的朋友或家人共事。

5. 分担任务：公平地分担需要完成的任务，在必须完成的任务中承担自己的那部分。

6. 共同活动：花时间与对方待在一起，一起进行日常的活动。

7. 支持：寻求对方的建议，日子艰难时要互相安慰。

8. 冲突管理：犯错时要向对方道歉，对伴侣有耐心并谅解对方。

9. 回避：避免讨论某些话题，尊重彼此的隐私和独处的需要。

10. 幽默：直呼对方有趣的外号，小小地捉弄对方。

4.保持忠诚会让你们更亲密。

相互依赖理论认为，人际交往的本质是社会交换。真正影响我们对一段亲密关系评价的是期望收益（即对这段关系的期望）和替代收益（即在其他关系中是否会比现在更好）水平。根据这两种水平的不同，研究者们发现，维持幸福和稳定的关系在于双方当前关系既超越了期望收益水平，也超越了替代收益水平，即当前亲密关系结果既高于期望，也比从别处能得到的结果好。这实际上不仅强调了这段亲密关系本身带给双方的满意程度，也强调了与其他可能发生的亲密关系的比较。因此，保持忠诚便成了支持相互依赖理论的研究者们眼中维持亲密关系的核心。

当人们忠诚于自己的亲密关系时，他们的认知会发生很多变化：首先，认知上的相互依赖现象会出现，这使得人们的自我定义产生变化，如用“我们”代替“我”等。其次，在行为上，人们也会为了维持亲密关系而做出改变，包括表现出牺牲的意愿。比如，为了提升伴侣或亲密关系的幸福指数做自己不想做的事，克制自己的欲望；控制冲动，忍受对方的一些挑衅行为，不以同样方式对伴侣进行反击，等等。

亲密关系的维护并不是一件容易的事情，但对彼此的爱意和对这段关系的珍视，值得我们为之付出努力。

尾声 人要被好好爱过，才有能力爱自己

到了书的最后，让我们再来更具象地聊聊"爱自己"这件事。

让我们先从《小美人鱼》这个童话故事开始：小美人鱼爱上王子，于是她与海巫师交易，用自己的歌喉换成双腿。但王子仍然没有爱上她。三天之后，美人鱼变成泡泡消失了。但在这三天里，海巫师再次和她提了一个交易：只要美人鱼杀掉王子，她就可以活下来。但是小美人鱼没有选择杀掉王子，她选择了自己消失。

如果单从这个角度看，很容易让人觉得小美人鱼不爱自己，不仅没有获得爱情，还失去了自己。但我特别想带你从另外一个角度去看：为什么小美人鱼其实非常懂得"爱自己"。

当美人鱼爱上了王子，她就主动去追求。尽管她并不知道对方是什么样子，也不知道他会不会喜欢自己，但是依然决定去勇敢追求自己想要的东西。当她发现王子不爱她，甚至王子和她想象的不一样时，小美人鱼选择不去伤害他人，信守自己的承诺。她始终在为自己的人生做选择、付出努力和承担责任。尽管世事十有八九并不如意，但正是这样努力和负责的过程，使得一个人逐渐在社会化的过程中，内在的自我更加有力。

人的快乐并不来自于满足"欲望"——尤其是"欲望"和我们以为自己喜爱的人或事物，并不一定于我们真实有益。然而去努力追求获得，并承担责任的过程尤其珍贵。它能够使我们对自己的内在有更多的觉察和认识，并在承担责任的过程中对于自我获得更坚实的信心。

这就是"爱自己"的意义了。

我们的编辑同事仍觉得抽象，进一步和我聊了聊八个关于爱的问题，我放在下面：

1. 人一定要爱自己吗？

一个人有能力爱自己是珍贵和稀少的，大部分人都不能。这与社会和环境因素都有关系。比如东方是耻感的文化，需要你更爱大家和集体。羞耻感本身就是要杀掉一部分你的"爱自己"，你才能从为集体牺牲和付出中获得意义感。

所以在不定义语境下来定义"爱自己"是不公平的。爱大我也是爱，爱小我也是爱。各自有其好处，也各有其要支付的代价。

2. 一个真正爱自己的人，有什么特质？

"真正爱自己"这个描述方法有些偏执了——就好像我们这些凡人，对自己有那么一点点的爱，但还不足以到"真正爱自己"、还要为此感到羞耻似的。

其实大多数人都不怎么爱自己——哪怕是那些看起来是"超级自恋狂"的人。他们也痛苦，就是因为内在有痛苦感，才要用他人来填补自己内在的疼痛。

能爱自己是稀少且珍贵，但是可以通过练习而获得的能力。

如果我讲得更理论化一点：这个人有稳定的自我价值体系，对自己有稳定的自我评价。即便他们与所在社会环境的"主流价值体系"有所不同，也不会因此而感到羞耻，不会非要去改变自我或改变环境。

他／她能够为自己做选择，并为此承担责任和代价。你和他／她相处起来大体是舒适的，因为他／她在自己的身体里感到舒适。我更年轻的时候觉得这个很难，但到现在我的想法发生了一些变化：因为如果你不那么爱自己，生活会不断地给你教训——它带来的痛苦足够多，时间足够长，很多人也被生活逼到了墙角，也就爱谁谁了。人生太难，不为难自己为佳。

3. 如何看待"爱自己 ＝ 买东西／想干嘛干嘛"这类特别具象化的答案？

这么说也没有错，但是不完整：后面还要加上一个，"为自己的行为承担责任"。

因为爱是个复杂的词汇，它并不以满足"欲望"为唯一目的。小孩子才会觉得只是吃好吃的、玩好玩的，生活就会永远快乐下去。但是如果你从这里开始也没问题——只要你准备好了承担相应的责任和支付应有的代价。

比如你可能会很快发现只吃糖和油炸食物，身体会支付代价；你就会重新考虑是否愿意为了健康带来的舒适感，自愿舍弃一些对于高热量的欲望。所以如果要爱，无论是爱他人还是爱自己，都要让这个主体为自己承担责任。

4. 人人都有"不喜欢"自己的时刻，这和爱自己是否冲突？

不冲突。

爱是复杂和深厚的情感，它是有弹性和厚度的。你会为自己做的事情感到歉疚、恼火、生自己的气；但是它并不会影响本质上你对自己的认知——比如我是不是一个"可以被爱""值得被爱"的人。

在"爱"这个弹簧床上，你有时候更喜欢自己一些，有时候讨厌甚至憎恶自己一些。但正是它的复杂和丰富，驱使你去做行为上的改变、付出努力。"爱"中的自我反思带来生长。

5. 现在有句很流行的话叫"自爱沉稳，而后爱人"：人要先爱自己，再爱别人——这两者真的存在先后顺序吗？

真正存在顺序的是：一个人先有被爱过/体验过被爱的感受，她/他就能发展出爱自己的能力；然后在和他人相处的时候，也自然地会爱别人。

当然世界上并非事事完美。实际上我们在没有学会爱自己的时候，已经进入了很多关系——和朋友的关系、和家庭的关系、和陌生人的关系。我们是在不同的关系中学习如何爱自己的。我们遇见的人中，有人爱我们，有人不爱——这当然是正常的，甚至也和我们自己好不好毫无关系。很多是运气使然。

我们可以做的是，每次都尽量选择那些能够使你感受到善意和支持的关系，在这些关系中，你能感到自己被爱和值得被爱；离开使你感到不适的关系，不允许它们来伤害你对于自我的认识和信心；也尽可能在关系中给予他人善意和支持，身边的爱多一点，我们的生活就会更好一点。

6. 爱情能够发生，是因为"爱对方比爱自己要多"吗？

我觉得世界上只有孩子爱父母，是爱对方比爱自己要多。孩子无论如何叛逆和反抗，他们总是忠于父母的。父母对于孩子的爱之中，有更多的非主观意愿上的残缺；是因为成年人更多被破坏的自我，不能满足的愿望和欲望，身不由己和人间悲剧。

爱情就完全是另外一个故事了。爱情能够发生，只是因为一个人想恋爱了。一个人不想恋爱，就没有爱情能够发生。

7. 我可以做点什么来爱自己？

我们来说"自恋"这个词。这个词是个中性词，描述的就是：我喜不喜欢自己，有多喜欢自己。我觉得我自己是"可以被爱"的吗？在我的眼中，别人是否乐意"爱我"？

所以你看，"爱自己"的意思是，你内在是否真的感觉自己有价值，值得他人喜爱。至于做什么——如果你打心里觉得自己是可爱的，你做什么都可以。

如果你觉得自己不那么可爱——比如总是感觉被忽视，需要付出很多努力才能获得爱，总觉得不值得被爱所以总是拒绝生活中好事情的发生——其实这是很多人都会出现的问题，我有两个非常简单的建议：

第一，生活中尽量去做那些真正令自己高兴，而不是令他人高兴的事情。见令自己感到被爱和被情感上支持的人。

第二，一直做下去，直到自己觉得享受和舒适。"爱自己"是一件动态的、可以练习，也需要练习的能力。

8. 爱自己是否是一种终身的工作？

是。但是一旦你学会了爱自己，就很难再不爱了。人年纪大的好处是更可能知道自己生活的重点，脸皮也随之增长起来。爱自己会越来越容易。

总的来说，爱自己是一个能力，而且是一个非常复杂的能力。它意味着我们对自己有相对清楚的了解和理解，在此基础上，我们能够承担责任和代价。

从人格健康层面上来讲，我们有相对稳定的自我价值系统。

一个人要对自己有稳定的自我评价，不为外界的声音和表达而改变。比如当一个人经历糟糕的事情，可能会觉得他这件事情没做好，但不会感到自己很糟。这套价值体系相对成熟的人，无论他的价值体系和他所处的文化以及父母给他的价值体系是否一致，他都能允许自己的价值体系独立存在。这就意味着他不会牺牲自己去讨好别的价值体系。

在这个基础上，我们就一定有能力爱自己，能够接受自己。

当我们有相对确定的自我认识和对整个世界的认识，就算遇到糟糕的亲密关系，我们的心理状态也是有弹性的，人是有能力喜欢自己、有能力去喜欢别人和给予别人爱的。

最后，祝你无论遇见善意、凶险或是试探，你内在的感受常被看见、接纳和被善意对待。请记得常常爱自己。

简里里

简单心理创始人 &CEO

参考文献

The Diagnostic and Statistical Manual of Mental Disorders. Fifth Edition. American Psychiatric Association.

Higgins, E. T. (1987). Self-discrepancy: A theory relating self and affect, Psychological Review, 94, 319–340.

Mead, G. H., & Morris, C. W. (1955). Mind, self, and society: from the standpoint of a social behaviorist. Chicago: Univ. of Chicago Press.

Tice, D. M., & Baumeister, R. F. (1997). Longitudinal study of procrastination, performance, stress, and health: The costs and benefits of dawdling. Psychological Science.

Shawn T. Smith (2011), The User's Guide to the Human Mind : Why Our Brains Make Us Unhappy, Anxious, and Neurotic and What We Can Do about It, New Harbinger Publications.

Sirois & Pychyl (2013), Procrastination and the Priority of Short-Term Mood Regulation: Consequences for Future Self, Social and Personality Psychology Compass.

Wohl et al. (2010). I forgive myself, now I can study: How self-forgiveness for procrastinating can reduce future procrastination. Personality and Individual Differences.

Perry, J. (2012). The Art of Procrastination: A Guide to Effective Dawdling, Lollygagging and Postponing.

Michael H Kernis (2005), Measuring self-esteem in context: the importance of stability of self-esteem in psychological functioning Journal of personality.

Jennifer Crocker et al. (2006),The pursuit of self-esteem: contingencies of self-worth and self-regulation. Journal of personality.

Andreasen, N. C. (1987), Creativity and mental illness. American journal of Psychiatry, 144(10), 1288-1292.

Ball, J. R. et al. (2006), A randomized controlled trial of cognitive therapy for bipolar disorder: focus on long-term change. The Journal of clinical psychiatry, 67(2), 277-286.

Gale, C. R., Batty et al. (2013). Is bipolar disorder more common in highly intelligent people? A cohort study of a million men. Molecular psychiatry, 18(2), 190-194.

Salvadore, G. et al. (2010). The neurobiology of the switch process in bipolar disorder: a review. The Journal of clinical psychiatry, 71(11), 1488-1501.

Zammit, S. et al. (2004). A longitudinal study of premorbid IQ score and risk of developing schizophrenia, bipolar disorder, severe depression, and other nonaffective psychoses. Archives of general psychiatry, 61(4), 354-360.

Wooldridge, T., & Lytle, P. P. (2012). An overview of anorexia nervosa in males. Eating Disorders, 20(5), 368-378.

Lewis, D. M., & Cachelin, F. M. (2001). Body image, body dissatisfaction, and eating attitudes in midlife and elderly women. Eating Disorders, 9(1), 29-39.

Neumark-Sztainer et al. (2006). Prevention of body dissatisfaction and disordered eating: what next?. Eating Disorders the Journal of Treatment & Prevention, 14(4), 265-285.

Weltzin, T. E. et al. (2012). Treatment issues and outcomes for males with eating disorders. Eating Disorders, 20(20), 444-459.

Brewerton, T. D. (2007). Eating disorders, trauma, and comorbidity: focus on ptsd. Eating Disorders, 15(4), 285-304.

Holzer, S. R. et al. (2008). Mediational significance of ptsd in the relationship of sexual trauma and eating disorders. Child Abuse & Neglect the International Journal,

32(5), 561-566.

Jean L. Kristeller, & Ruth Q. Wolever. (2011). Mindfulness-based eating awareness training for treating binge eating disorder: the conceptual foundation. Eating Disorders, 19(1), 49-61.

Sarah M. Bankoff et al. (2012). A systematic review of dialectical behavior therapy for the treatment of eating disorders. Eating Disorders, 20(3), 196-215.

Lenz, A. S. et al. (2014). Effectiveness of dialectical behavior therapy for treating eating disorders. Journal of Counseling & Development, 92(1), 26–35.

Nina W. Brown.(2002). Parental Destructive Narcissism. The journal of Illinois Institute for Addiction Recovery.

McAdams, D.P. (1995). What do we know when we know a person? Journal of Personality. 63 (3): 365–395.

McAdams, D.P. & McLean, K.C. (2013). Narrative Identity. Current Directions in Psychological Science, 22(3), 233-238.

Sanner, C. M., & Neece, C. L. (2017). Parental Distress and Child Behavior Problems: Parenting Behaviors as Mediators. Journal of Child and Family Studies, 1-11.

Winnicott, D. W. (1971) 11. Contemporary Concepts of Adolescent Development and their Implications for Higher Education. Playing and Reality 17:138-150.

Judith Trowell, Alicia Etchegoyen (2001) The Importance of Fathers: A Psychoanalytic Re-evaluation. Family & Relationships.

Diamond, M. J. (2007). My father before me: How fathers and sons influence each other throughout their lives. W W Norton & Co.

Diamond, M. J. (2017). Recovering the Father in Mind and Flesh: History, Triadic Functioning, and Developmental Implications. The Psychoanalytic Quarterly, 86(2), 297–334.

Campbell, W. K et al. (2006). A magneto encephalography investigation of neural correlates for social exclusion and self-control. Social Neuroscience, 1, 124-134.

Eisenberger, N. I., Lieberman, M.D., & Williams, K. D. (2003). Does rejection hurt? An FMRI study of social exclusion. Science, 302, 290-292.

Sharon, H. K. et al. (2012). Outside advantage: Can social rejection fuel creative thought? Journal of Experimental Psychology: General, 142, 605-611.

Twenge, J. M. et al. (2007). Social exclusion decreases prosocial behavior. Journal of Personality and Social Psychology, 92, 56-66.

Wesselmann, E. D., et al. (2012). "To be looked at as though air": Civil attention matters. Psychological Science, 23, 166-168.

Hartling, L. M., & Luchetta, T. (1999). Humiliation: Assessing the impact of derision, degradation, and debasement. The Journal of Primary Prevention, 19(4), 259-278.

Thomaes, S. et al. (2011). Turning shame inside-out: "humiliated fury" in young adolescents. Emotion, 11(4), 786.

Rothschild, Z. K. et al. (2012). A dual-motive model of scapegoating: Displacing blame to reduce guilt or increase control. Journal of Personality and Social Psychology, 102(6), 1148-1163.

Stines, S. (2016). Are you the Designated Scapegoat?. Psych Central. Retrieved on May 18, 2017.

Schanz, C. G. et al. (2021). Development and Psychometric Properties of the Test of Passive Aggression.Frontiers in psychology, 12, 579183.

Maia J. Young, Larissa Z. Tiedens, Heajung Jung and Ming-Hong Tsai (2011). Mad enough to see the other side: Anger and the search for disconfirming information, Cognition And Emotion, 25(1), pp. 10-21.

Berne, E. (2016). Transactional analysis in psychotherapy: A systematic individual and social psychiatry. Pickle Partners Publishing.

Berne, E. (2011). Games people play: The basic handbook of transactional analysis. Tantor eBooks.

Huddy, L., & Terkildsen, N. (1993). Gender stereotypes and the perception of male and female candidates. American Journal of Political Science, 119-147.

Moss-Racusin et al., (2012). Science faculty's subtle gender biases favor male students. Proceedings of the National Academy of Sciences, 109(41), 16474-16479.

Warner. C. (2017). This Viral Twitter Thread About Two Coworkers Who Swapped Names At Work Shows How Subtle Workplace Sexism Can Be. Bustle.

Calogero, R. M. (2004). A test of objectification theory: the effect of the male gaze on appearance concerns in college women. Psychology of Women Quarterly, 28(1), 16-21.

Fredrickson, B. L., & Roberts, T. A. (1997). Objectification theory. Psychology of Women Quarterly, 21(2), 173-206.

Fredrickson, B. L., Roberts, T. A., Noll, S. M., Quinn, D. M., & Twenge, J. M. (1998). That swimsuit becomes you: sex differences in self-objectification, restrained eating, and math performance. Journal of Personality & Social Psychology, 75(1), 269.

Webb, H. J. et al. (2017). "Pretty pressure" from peers, parents, and the media: a longitudinal study of appearance-based rejection sensitivity. Journal of Research on Adolescence.

L. R. Petersen et al., Secularization and the Influence of Religion on Beliefs about Premarital Sex, Social Forces, 1997.

B. Finer, Trends in Premarital Sex in the United States, 1954–2003, Public Health Reports, 2007.

W. Guo et al., The Timing of Sexual Debut Among Chinese Youth, International Perspectives on Sexual and Reproductive Health, 2012.

Anthony Bogaert. Asexuality: What It Is and Why It Matters. The Journal of Sex Research. 21 Apr 2015.

Hara Estroff Marano. (2016). Jealousy: Love's sdestroyer. Psychology Today.

Neal, A. M., & Lemay, E. P. (2014). How partners' temptation leads totheir heightened commitment The interpersonal regulation of infidelity threats. Journalof Social and Personal Relationships, 31(7), 938-957.

Slotter, E. B., Lucas, G. M., Jakubiak, B., & Lasslett, H. (2013).Changing Me to Keep You State Jealousy Promotes Perceiving Similarity Betweenthe Self and a

Romantic Rival. Personality and Social PsychologyBulletin.

Stephanie, M.S. (2018). Gaslighting: Recognize Manipulative and Emotionally Abusive People -and Break Free. Da Capo Press.

Evans, P.(2003). How to Recognize, Understand, and Deal with People Who Try to Control You. Adams Media.

Barton, R.& Whitehead, J. A. (1969) The gaslight phenomenon. Lancet, 1(7608):1258-1260.

Gass, G. Z.& Nichols, W. C. (1988). Gaslighting: A marital syndrome. Contemporary Family Therapy, 10(1): 3-16.

Alexia.(2015).What really determines if you will remain friends with your EX. Elite Daily.

Busboom.(2002). Can we still be friends? Resources and barriers to friendship quality after romantic relationship dissolution. Personal relationship, 9(2),215-223.

Metts.(1989). I Love You Too Much to Ever Start Liking You: Redefining Romantic Relationships. Journal of Social and Personal Relationships.6,259-274.

Tan.(2015).Committed to us: Predicting relationship closeness following nonmarital romantic relationship breakup. Journal of Social and Personal Relationships, 32(4), 456-471.

【法】西蒙娜·德·波伏娃,《第二性》,2004 年 4 月,中国书籍出版社

潘绥铭,黄盈盈,《性之变:21 世纪中国人的性生活》,2013 年 8 月,中国人民大学出版社

【意】鲁格·肇嘉,《父性》,2018 年 9 月,世界图书出版公司

【法】克斯斯托夫·安德烈,弗朗索瓦·勒洛尔,《恰如其分的自尊》,2015 年 8 月,三联书店

【美】简·博克,《拖延心理学》,2009 年 12 月,中国人民大学出版社

【美】尼尔·菲奥里,《战胜拖拉》,2013 年 11 月,东方出版社

图书在版编目（CIP）数据

简单心理 ：向内看见 ／ 简单心理著 ． —— 北京 ：新星出版社，
2023.1（2024.6 重印）
ISBN 978-7-5133-5079-2
Ⅰ . ①简… Ⅱ . ①简… Ⅲ . ①心理学－通俗读物
Ⅳ . ① B84-49
中国版本图书馆 CIP 数据核字 (2022) 第 218165 号

简单心理：向内看见

简单心理 著

责任编辑	汪　欣
特约编辑	李　馨
封面设计	尚燕平
内文制作	张　典
责任印制	李珊珊　史广宜

出　　版 新星出版社　www.newstarpress.com
出 版 人 马汝军
社　　址 北京市西城区车公庄大街丙 3 号楼　　邮编 100044
　　　　　电话（010)88310888　　传真（010)65270449
发　　行 新经典发行有限公司
　　　　　电话（010)68423599　　邮箱 editor@readinglife.com
法律顾问 北京市岳成律师事务所

印　　刷 河北鹏润印刷有限公司
开　　本 880mm×1230mm　1/32
印　　张 10
字　　数 210千字
版　　次 2023年1月第一版　　2024年6月第三次印刷
书　　号 ISBN 978-7-5133-5079-2
定　　价 59.00元